新宿の逆襲

市川宏雄

青春新書
PLAYBOOKS

はじめに　眠れる巨人、新宿が目覚めるとき

あなたは「新宿」と聞いて、どんな景色を思い浮かべるだろうか。

ある人はタカノフルーツパーラー、新宿中村屋、紀伊國屋書店、ビックロ、伊勢丹新宿本店と続く、新宿通りのショッピング街をイメージするかもしれない。

ある人は靖国通りの幅広い横断歩道を渡った先にある居酒屋、キャバクラ、映画館、風俗店が密集する日本一の歓楽街、新宿歌舞伎町の毒々しいネオンを思い出すだろう。

またある人は京王プラザホテル、新宿住友ビル、新宿三井ビル、東京都庁舎など、30棟以上の超高層ビルが屹立《きりつ》する西新宿副都心のスカイラインが目に浮かぶかもしれない。

あるいは、南口に突如出現した日本最大級の高速バスターミナル、バスタ新宿のまるでミニカー秘密基地のようにユニークな外観を思い起こす人もいるはずだ。

その他、戦後バラックづくりのあやしい雰囲気を残す新宿ゴールデン街、ゲイバーひしめく新宿二丁目、繁華街に隣接する奇跡のオアシス新宿御苑、「笑っていいとも！」が30年間毎日（平日のみ）生放送されていた新宿アルタ、西口の家電量販店などなど——。

「新宿」と聞いて頭に浮かぶ風景は、きっと想像する人の数だけあるに違いない。その多

面性と多様性こそが、新宿という街の本質を明快に表しているのではないだろうか。

さらにいえば、多くの人にイメージされる新宿の光景には、きっとおびただしい数の人の群れが同時に映り込んでいるはずだ。多面性、多様性と数え切れないほどの人の多さ。これがおそらく、私がこれから語ろうとしている新宿の実像である。


東京生まれ、東京育ちの私は、ごく幼いころから新宿を訪れていた。たとえば、記憶に残っている新宿駅西口の最も古い情景は、小田急百貨店、京王百貨店がまだ存在せず、小田急線新宿駅と京王線新宿駅の駅舎が地上に建っていた。駅前にはバス停留所がいくつもあり、それぞれに大勢の人々が並んでいた。

その景色が一変したのが1966年（昭和41年）11月だ。淀橋浄水場跡地に新宿副都心が建設されることになり、その大規模再開発に合わせて新宿西口に駅前広場が建設されたのだ。地上と地下の2階建てで、地上にはボイドと呼ばれる巨大な吹き抜け穴が設けられ、そこから地下のロータリーに自然光が降り注ぐ仕掛けになっていた。当時としては世界的にあまり類を見ない、きわめて斬新なデザイン。この駅前広場を初めて見たときの感動を、昨日のことのように覚えている。

設計したのは著名な建築家・坂倉準三だ。あの世界的に有名な建築家ル・コルビュジエの、日本における3人の弟子のうちの1人である（残りは前川國男と吉阪隆正）。それまで日本の鉄道駅といえば、主に土木の専門家が設計するのが当たり前だったが、あえて著名な建築家に設計を依頼したところに東京都の心意気が感じられた。ちなみに、坂倉準三はこの新宿駅西口駅前広場の設計で、日本建築学会賞を受賞している。

戦後日本の建築の歴史を振り返ってみると、この1966年の新宿駅西口駅前広場は、1964年の東京オリンピックに向けて丹下健三が設計した代々木第一体育館、第二体育館の系譜に連なるモダニズム建築であった。当時、日本の建築界は飛ぶ鳥を落とす勢いで斬新な建造物を次々に生み出していて、それらに感激した私は後に早稲田大学理工学部建築学科に進学し、一級建築士の資格を取得することになる。坂倉準三の西口広場は、私の将来を決定づけた建造物の一つといっていい。

新宿駅を通勤通学に使っていなかった私でも、新宿にはさまざまな思い出がある。今、本書を手に取っている読者諸兄も、おそらくそれぞれが新宿に対する思いをお持ちだろう。

そんな新宿も、残念ながらここ30年ほどは長すぎる休眠状態に入っていた。1970年代に爆発的に進歩したその反動からか、1990年代以降は再開発の動きもすっかり鳴りをひそめ、賑わいの主役を東京駅近辺のいわゆる大丸有《だいまるゆう》（大手町、丸の内、有楽町）、六本木・虎ノ門、渋谷にあっけなく譲ってしまったように見える。

だが新宿は、そのポテンシャルまでは手放していなかった。東京の再開発レースからひとり取り残されたように見えながら、「1日の乗降客数世界一」のターミナル駅として、まるで巨人が呼吸するかのように、360万人もの人混みを吸い込んではまた吐き出してきたのだ。この一文の冒頭で、新宿という街にさまざまな顔があることを確認したが、ショッピング街、歓楽街、超高層ビル街などの複数のエリアがそれぞれ「街」として成立しているのも、街を構成できるだけの数の人々が日夜訪れているからだ。エリアに分散してもなお、街を構成できるだけの巨大な人流をキープし続けてきたともいえる。

問題は、それぞれの街と街の間で人々の交流がないことだ。逆にいえば、それぞれの街を人々が活発に回遊するようになれば、それによって大きなビジネスチャンスや文化的融合が生まれ、新宿はビジネスや文化の発信基地として、さらに存在価値を高めていくはずだ。今までてんでバラバラに動いていた360万人のエネルギーを有効に活用すれば、これまでにない爆発的なパワーを生むはずである。

そのための準備はすでに始まっている。東京都、新宿区、ＪＲほか鉄道各社は「新宿グランドターミナル構想」を共有しており、２０２０年７月には新宿駅東西自由通路が開通。２０２２年からは小田急百貨店の解体工事が始まり、２０２９年には新宿駅西口に地上48階、高さ２６０ｍの東京都庁を凌駕する超高層駅ビルが完成する。２０４０年には駅東口にも同等の超高層駅ビルが完成し、駅の東西方向と南北方向は巨大なセントラルプラザで結ばれることになる。

眠れる巨人・新宿が目覚めるとき、そこには何かとんでもないものが生まれる予感がする。いよいよ、新宿の逆襲が始まるのだ。

市川宏雄

新宿の逆襲――もくじ

第1章

再開発レースで周回遅れになった巨大都市・新宿

第2章

「世界一の巨大ターミナル」はどうやって生まれたのか

第3章

新宿駅が大変身！「新宿グランドターミナル」構想

第4章

未来の新宿を支える周辺エリア開発

第5章

新宿という街にこれから必要なもの

構成　盛田栄一
本文DTP・図版作成　佐藤純（アスラン編集スタジオ）

第1章

再開発レースで周回遅れになった
巨大都市・新宿

三井はついに新宿三井ビルを売り渡した

2020年10月9日、三井不動産は新宿三井ビルディングを不動産投資信託会社に1700億円で売却すると発表した。

このニュースは、世間的には大きな話題にならなかったが、都市政策専門家として長年東京の街を観察し続けてきた私にとっては、少なからずショッキングなニュースだった。この高層ビル群が「新宿新都心」などといわれて、ある種のブランドだったことを知っている人たちにとっても、なんらかの感慨を催す出来事ではないだろうか。大げさにいえば、この日を境に、新宿をめぐる環境は確実に潮目が変わったのだ。

新宿三井ビルは、西新宿超高層ビル群の一角を占める有名なビルのひとつである。高さ225mで地上55階、地下3階。竣工は1974年9月で、サンシャイン60が開業する1978年4月までの3年7カ月間、「日本一高いビル」でもあった。

その後、超高層ビルは全国の大都市に次々に建設されていくが、2021年3月の時点においても、新宿三井ビルは日本で18番目の高さを誇る。また、「55階」は西新宿地区で最も階数が多く、損保ジャパン、ベネッセ、アフラック生命保険、日本設計、キャリアリンク、ジャパンネット銀行など、多くの有名企業がテナントとして入居していることでも知られている。

三井不動産にとって、このビルが自社を代表するシンボリックな建築物であることは間違いない。その〝象徴〟をあっさり手放してしまったのだから、三井不動産はすでに「新宿」という土地を見限ってしまったようにも見える。そして、三井不動産がこの旗艦ビルを手放したという事実そのものが、新宿という都市の零落ぶりを象徴的に表しているともいえるのだ。

一年中、再開発事業が進められている東京

東京全体を見渡してみると、今、都内のあちこちで再開発事業に関わる大規模な建設工事が進められている。仕事や観光などでときどき東京を訪れるという人たちから見れば、「東京は、いつ来てもどこかしらで大きな工事をやっている」というイメージを抱くのではないだろうか。

事実、東京都内各地では再開発事業に伴う土木建設工事がほぼ一年中行われている。こ

こ数年は「東京オリンピック・パラリンピック２０２０」関連の工事もあるにはあったが、そのほとんどはオリンピックと直接関係がなく、東京という都市の経済活動の一環として進められてきた。オリンピックの誘致や開催に関係なく、東京ではどこかでかならず再開発事業が行われているということだ。

一般的に、鉄筋コンクリート造（ＲＣ）、鉄骨鉄筋コンクリート造（ＳＲＣ）のビルの耐用年数は60年程度といわれている。構造を支える駆体は大丈夫だとしても、前回の東京オリンピック大会（１９６４年）が開催された前後に建設されたビルの多くは、ここ数年でちょうど更新時期を迎えることになる。

加えて、リモートワークが浸透しつつあるとはいえ、東京都内におけるオフィス需要、店舗需要、住宅需要は依然底堅く推移している。それらのニーズを満たすために多くのデベロッパー、不動産会社、建設会社が企業努力を続けており、時代に即した新たな自社プロジェクトを展開中だ。行政サイドでも、東京都が指定した市街地再開発事業だけでなく、市区町村が独自に立案したさまざまな都市整備計画が進行中である。

すなわち、時代のニーズに合わせて恒常的に街をスクラップ＆ビルドし続けることは、人口１３００万人を擁する巨大都市・東京の宿命のようなものなのだ。

JR東日本の車両基地の跡地に建設された「高輪ゲートウェイ駅」。49年ぶりの山手線の新駅として2020年3月にオープンした。

2020年、こうした〝東京の宿命〟を象徴するビッグイベントが2件あった。ひとつは3月14日、JR山手線の新駅である「高輪ゲートウェイ」駅が誕生したこと。もうひとつが6月6日、東京メトロ日比谷線に「虎ノ門ヒルズ」駅が誕生したことだ。全国的に鉄道駅が年々減少しているわが国において、しかも、すでに鉄道駅が密集している都心部において、新たに2つの駅が開業したのだ。高輪ゲートウェイ駅は隣接する品川駅から0・9㎞、田町駅から1・3㎞、虎ノ門ヒルズ駅は霞ケ関駅から0・5㎞、神谷町駅から0・8㎞しか離れていない。にもかかわらず、ここに新駅をつくったということは、それをペイできるだけのニーズと将来性が見込まれているということだろう。この2つの事例だけを見ても、東京という都市の発展にはまだまだ終わりが見えず、未来に向けて再生と新生が絶えず繰り返されていくことは容易に予測できるのである。

とはいえ、東京都23区26市5町8村の全域において、再開発事業が万遍なく均一に進んでいるわけではない。どの街が繁栄するかは、時代とともに変遷する流行り廃りのようなものがあって、大規模プロジェクトの進行状況にも地域ごとに濃淡があるからだ。

たとえば2000年以降、この先10~20年くらいのスパンで人々の注目を集めているホットスポットは、次のような場所であろう。

【東京駅周辺】「大丸有」に続いて常盤橋、日本橋などの再開発が進行中

2000年以降、都心の再開発地区として一躍脚光を浴びたのが大手町、丸の内、有楽町だ。この3つを合わせた「大丸有エリア」という略称も、デベロッパー業界に限らずすっかり耳なじみのいいものになった。

発端は20世紀末の1996年、JR有楽町駅前の旧東京都庁跡地に国際コンベンション

東京駅丸の内側の正面にそびえる丸ビル（左）と新丸ビル（右）。低層階を商業施設とすることで、オフィス機能と街の賑わいを両立させている。

センターである東京国際フォーラムが竣工したことだろう。この公的文化施設はその後、大丸有地区の文化的拠点となった。

また、1999年から夜間にイルミネーションを楽しむイベントとして、丸の内仲通りで「東京ミレナリオ」が開催されたこともエポックメーキングだった。それまで、夜間人口の極端に少ない単なるオフィス街でしかなかった大丸有地区が、変化の兆しを見せ始めた象徴的なイベントだからだ。

そして2000年以降、大丸有の再開発は本格化する。2002年に丸の内ビルディング、東京サンケイビル、2003年に丸の内中央ビル、丸の内トラストタワー、2004年に丸の内オアゾ、丸の内マイプラザ、2005年に東京ビルディング、2007年に新丸の内ビルディングなどが続々竣工した。

ほぼすべてのビルがオフィスに商業施設を併設しており、そこに国内外の有名ファッションブランドや有名飲食店が数多く集結。ビジネスマンしかいなかったオフィス街が、平日の夜間や休日に数多くの観光客・買い物客が訪れる街に大変身した。2010年には丸の内ブリックスクエア内に三菱一号館美術館が開館。2012年には東京駅復元工事が完成し、都内有数の人気スポットとしての地位を不動のものにしている。

1990年ごろ、「丸の内のたそがれ」と揶揄されていた時代遅れのオフィス街が、見事に賑わいを取り戻したのだ。


そんなJR東京駅周辺では、現在も大規模な再開発事業が進行中だ。それが、駅の日本橋側にある常盤橋街区（東京都千代田区大手町2丁目）で三菱地所が進めている、「TOKYO TORCH 東京駅前常盤橋プロジェクト」だ。事業面積は約3・1ヘクタール。東京駅周辺では最大級となる大規模複合再開発事業である。

以前からこの地にあった日本ビルヂング、朝日生命大手町ビル、JXビル、大和呉服橋

東京駅丸の内側から見たTorch Tower（左）のイメージ図。竣工は2027年度の予定。

ビルなどを取り壊して4棟のビルを建設。千代田区の常盤橋公園を拡大再整備する。事業費は約5000億円超ともいわれている。

建物としては、常盤橋タワーが地上38階（建築基準法上は40階）、地下5階建て、Torch Towerが地上63階、地下5階建て、C棟（地下棟）が地下4階建て、D棟が地上9階、地下3階建てだ。

特筆すべきは2棟の超高層ビルだろう。常盤橋タワーは2021年6月竣工予定で、高さは約212m。そして、灯りをイメージしたデザインのTorch Towerは2027年度竣工予定で、高さはなんと約390m。あべのハルカスの３００ｍを抜いて日本一高い高層ビルとなる。最上階は展望室などの観光施設として整備されるようだ。

大丸有に隣接する日本橋も、２０００年以降の大規模な再開発で再生・活性化した街といえるだろう。大手町が三菱地所の牙城だとすれば、日本橋は三井越後屋を開祖とする三井不動産のお膝元だ。そのリスタートとなったのが、２００４年に竣工した日本橋一丁目三井ビルディング。高さ１２０ｍ、地上20階、地下４階の複合施設で、６階以上はオフィススペースであり、商業区画は「ＣＯＲＥＤＯ日本橋」の愛称で親しまれるようになった。

２００５年には高さ約１９５ｍ、地上39階、地下４階の超高層複合ビル、日本橋三井タワーが完成。ガラスの直方体を組み合わせたような独特のデザインで、日本建築学会賞やグッドデザイン賞などを受賞した。低層部は４階吹き抜けのアトリウム、三井記念美術館へのアプローチと各種ショップで構成され、中層部５～28階はオフィスフロア、高層部30～38階に日本初進出となった高級ホテル、マンダリン・オリエンタル東京が入っている。

また、同じく２００５年には、１６７３年に越後屋呉服店が開業した場所に情報発信拠点の三井越後屋ステーションを設置。ＴＯＫＹＯ ＦＭのサテライトスタジオも併設され、日本橋独特の文化の香りを漂わせている。

その後、2010年から2019年にかけて、室町東三井ビルディング竣工とCOREDO室町1の開業、室町古河三井ビルディング竣工とCOREDO室町2、COREDO室町3の開業、日本橋髙島屋三井ビルディング、日本橋室町三井タワー竣工とCOREDO室町テラス開業と、日本橋地区の再開発が続く。

そして2025年には、既存の日本橋一丁目三井ビルディングが改装され、日本橋一丁目中地区に、高さ284m、地上52階、地下5階の超高層複合ビルが竣工予定。「日本橋一丁目中地区第一種市街地再開発事業」として、合わせて3棟新設されるという。

東京駅の八重洲側もいよいよ再開発が始まった。三井不動産が進めている「八重洲二丁目北地区第一種市街地再開発事業」の名称が、「東京ミッドタウン八重洲」に決定。六本木、日比谷に続く3つめの東京ミッドタウンで、竣工は2022年8月末を予定している。

三井不動産による八重洲、日本橋の再生は、いよいよ新たなステージへと入っていきそうだ。

日本橋・八重洲エリアの再開発計画

（2021年4月時点）

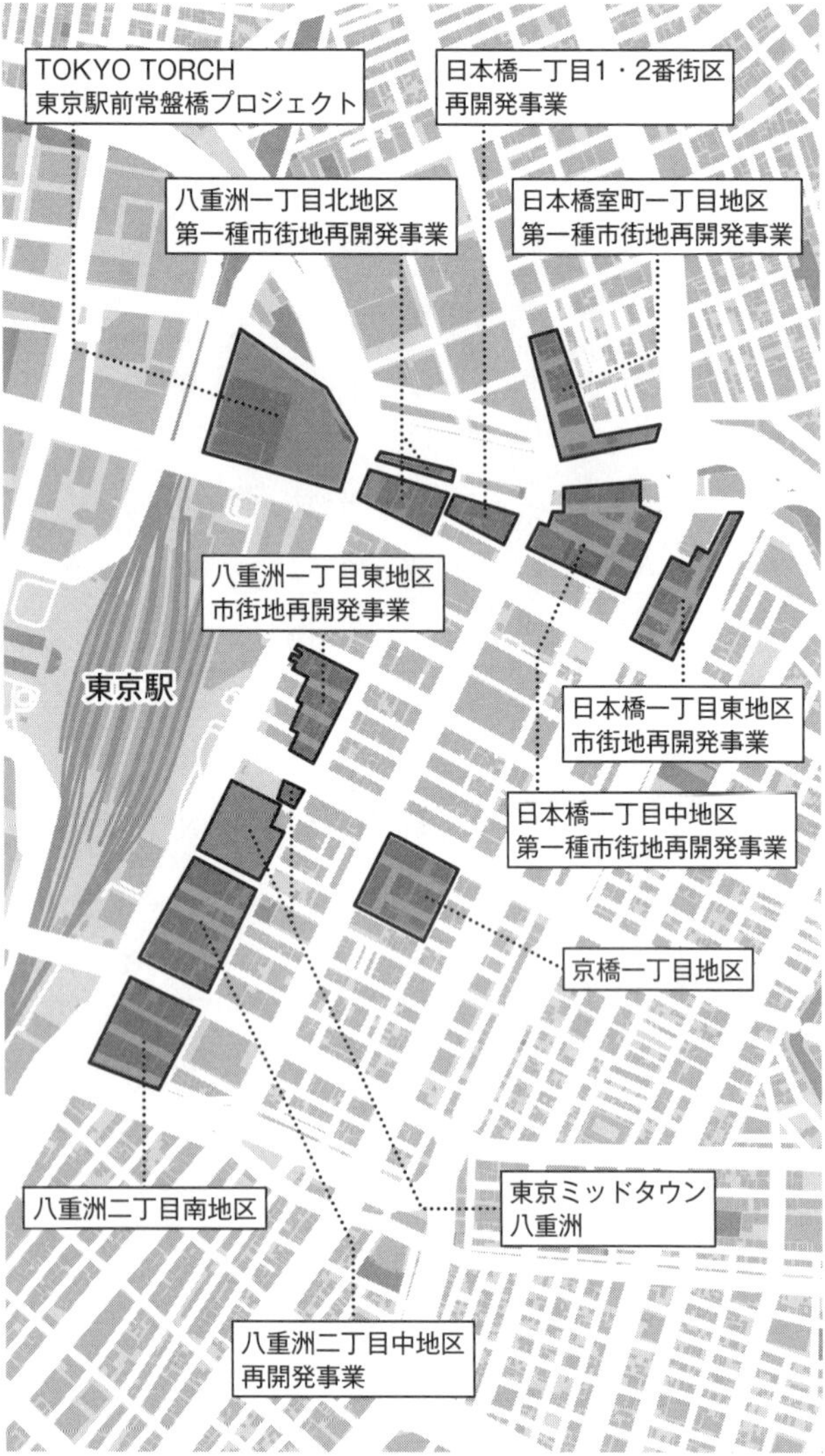

【渋谷駅周辺】渋谷スクランブルスクエアなど、まだまだ続く駅周辺の再開発

２０００年代に躍進した大丸有に代わって、２０１０年代から再び注目されるようになったのが渋谷駅周辺だ。きっかけは２００５年、内閣府地方創生推進事務局により、都市再生特別措置法の「特定都市再生緊急整備地域」に指定されたこと。そこから「１００年に一度」といわれる渋谷駅周辺の大規模再開発プロジェクトが一気に動き出した。

まず２０１２年、渋谷駅東口にあった東急文化会館の跡地に渋谷ヒカリエが開業。高さ約１８３ｍ、地上34階、地下４階の高層複合施設で、東急東横線や東京メトロ副都心線などの渋谷駅と地下で直結しており、「ShinQs（シンクス）」などの商業施設、東急シアターオーブやヒカリエホールなどの文化施設のほか、17～34階はオフィススペースになっている。今では渋谷の新たな顔として広く認知されていて、２０１２年にはグッドデザイン賞を獲得している。

その後、２０１７年には都営住宅跡地に渋谷キャストが、２０１８年には渋谷ストリームと渋谷ブリッジが、２０１９年には渋谷ソラスタと渋谷フクラスが開業している。渋谷ストリームは高さ約１８０ｍ（地上35階、地下４階）で、飲食施設、ホテル、オフィスが

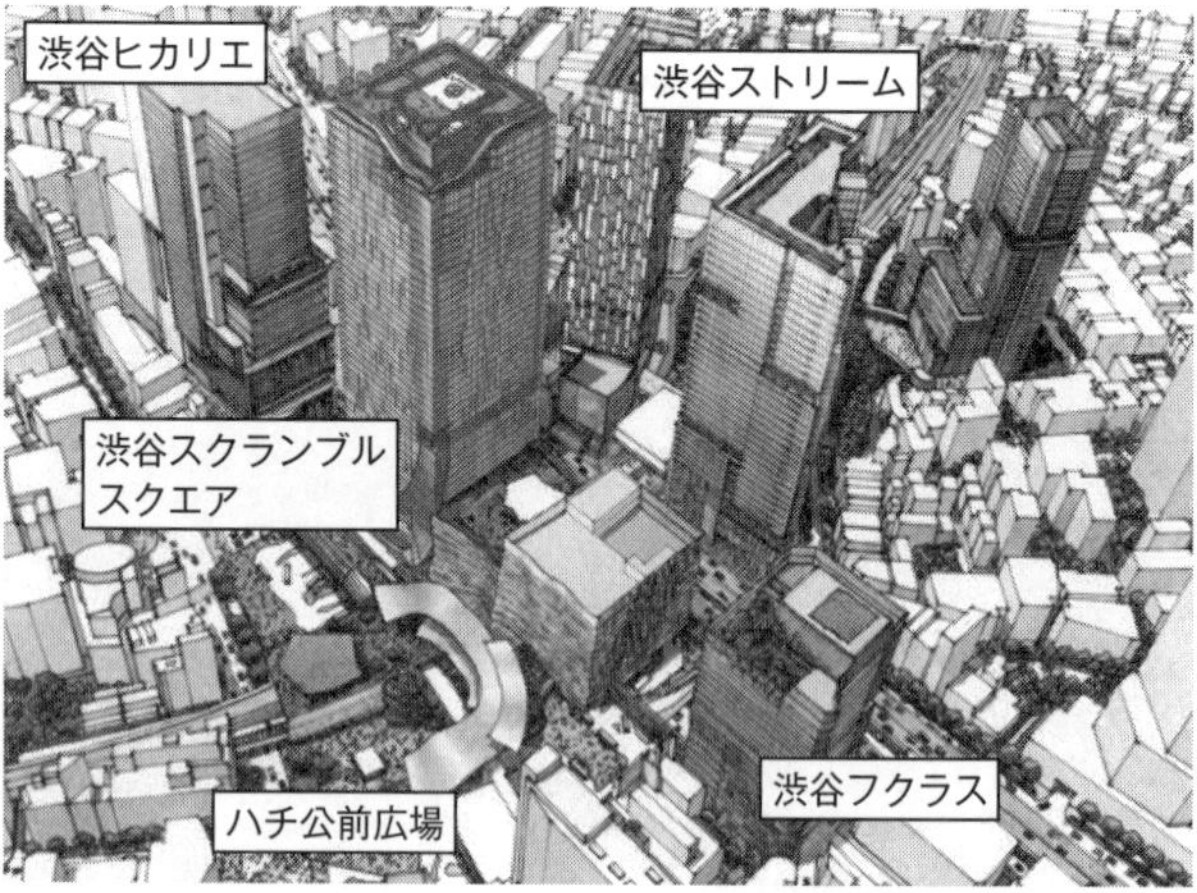

2027年ごろの渋谷駅周辺のイメージ　渋谷駅前エリアマネジメント

入る大規模複合施設だ。

渋谷ソラスタは高さ約107m、地上21階、地下1階のオフィスビル、渋谷フクラスは高さ約103m、地上18階、地下4階の複合施設で、商業施設として東急プラザ渋谷とオフィスが入るだけでなく、路線バスや空港リムジンバスが発着するバスターミナルも備えている。

こうしたなか、渋谷で最大規模といわれる再開発事業が渋谷スクランブルスクエアだ。2019年11月には、渋谷駅周辺で最も高層となる、高さ約230mの渋谷スクランブルスクエア東棟がJR渋谷駅の東側に完成している。地上47階、地下7階の複合施設で、地下2階から地上14階に商業施設、15階に共創

渋谷駅周辺再開発マップ

（2021 年 4 月時点）

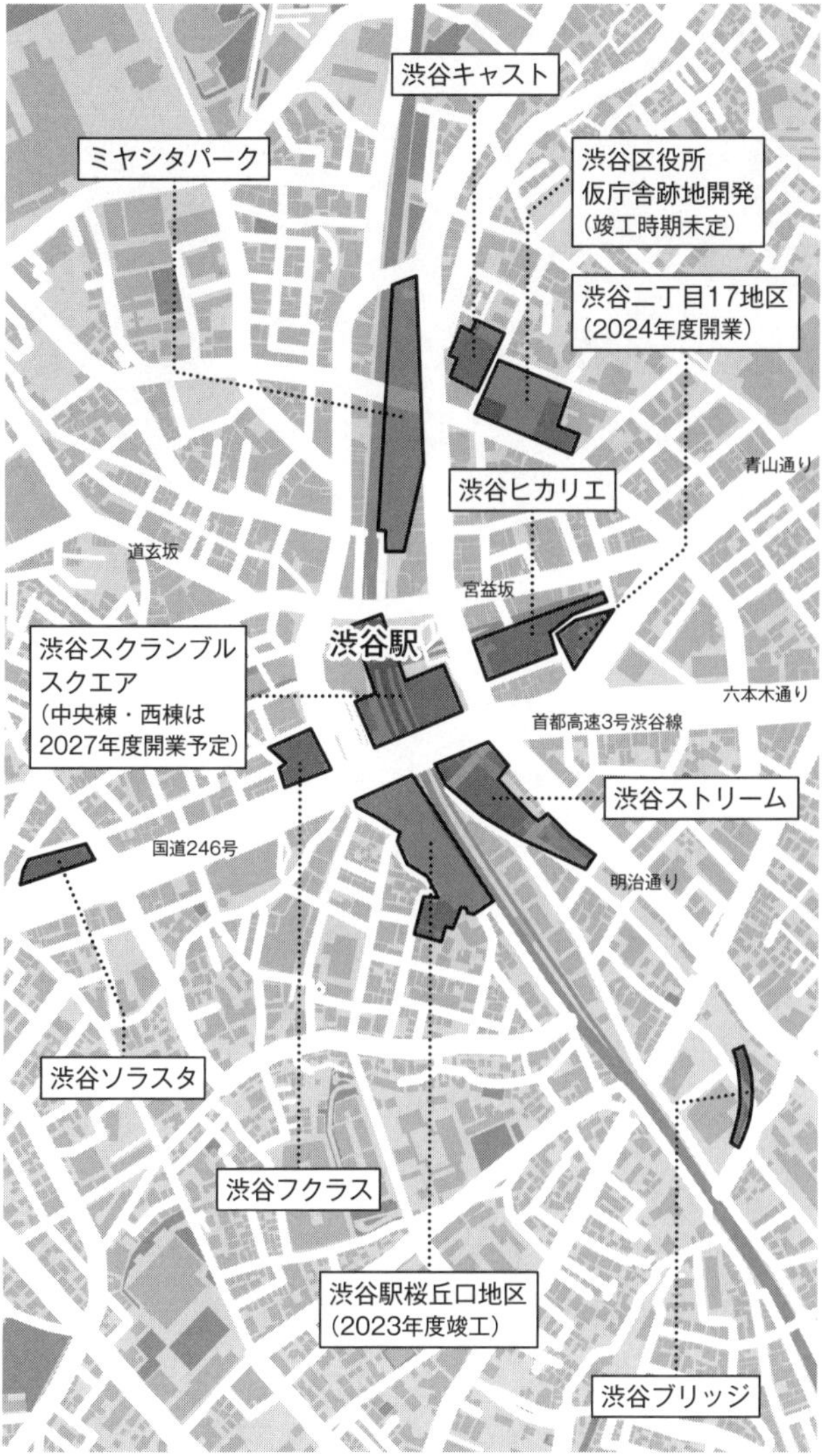

宮下公園は「ミヤシタパーク（MIYASHITA PARK）」として生まれ変わった。

施設の渋谷キューズ（SHIBUYA QWS）、17階から45階にオフィス、14階、45階から屋上には展望施設「SHIBUYA SKY」が入っている。

商業施設では国内外の有名ファッションブランドをはじめ、人気のレストラン、カフェ、スイーツなど200以上の店舗が軒を連ねる。もともと渋谷駅周辺には情報・IT関連で業績好調な企業が数多く集積していたが、それらのうちサイバーエージェント、ミクシィが渋谷スクランブルスクエアに、GMOインターネットグループが渋谷フクラスに入居している。

なお、渋谷スクランブルスクエアの中央棟（地上10階、地下2階建て）、西棟（地上13階、地下5階建て）は2027年度の開業を目指して工事が進められている。

その他、渋谷区立の宮下公園が立体都市公園制度を活用して2020年に全面改装され、ミヤシタパーク（MIYASHITA PARK）に生まれ変わった。構造物としては4階建てで、屋上に区立宮下公園を移設。1～3階は約90店舗が入るレイヤードミヤシタパーク（RAYARD MIYASHITA PARK）という商業施設となった。また、三井不動産ホテルマネジメントが運営する18階建てのホテル、シークエンス・ミヤシタパーク（sequence MIYASHITA PARK）を併設している。

さらに、繁華街北側のNHK放送センターも全面的に建て替えられることが決まっており、2025年までに情報棟が完成、2028～2036年に制作事務棟と公開棟が建設されるという。

【六本木・虎ノ門周辺】2023年に虎ノ門ヒルズ4棟が完成

大丸有とほとんど同じ時期に再開発が進んだのが六本木エリアだ。現在でも賑わいの中心的役割を果たしている六本木ヒルズは2003年に竣工、開業した。高さ約238m、地上54階、地下6階の超高層オフィスビルである六本木ヒルズ 森タワーが中核となり、タワー内にある森美術館、総戸数約800戸の集合住宅である六本木ヒルズレジデンス(地上43階建て2棟、地上18階建て、地上6階建ての計4棟)、ホテルグランドハイアット東京(地上21階建て)、映画館のTOHOシネマズ 六本木ヒルズ、放送局のテレビ朝日、毛利庭園、イベントスペースの六本木ヒルズアリーナなどで構成される。なお、森タワーとグランドハイアットの低層階は200以上のショップとレストランが軒を並べる商業スペースになっている。

同じく六本木エリアにある大型複合施設が東京ミッドタウンだ。開業は2007年。中心となるミッドタウン・タワーは高さ約248m、地上54階、地下5階建てで、ホテルのザ・リッツ・カールトン東京が地下1階・地上1・2・45~53階を占める。その他、地上25階、地下4階建てのミッドタウン・イースト、地上13階、地下3階建てのミッドタウン・ウェスト、地上30階、地下2階のマンション、サントリー美術館やスーパーマーケットが入る地上9階、地下3階のガーデンサイドなどで構成されている。

そして2014年、最初の整備計画から68年の時を経て開通した環状第2号線・虎ノ門—新橋間約1・35㎞の道路上に建つ形で完成したのが虎ノ門ヒルズだ。合計4棟の高層ビルが建つ予定で、2014年に最初に開業したのが虎ノ門ヒルズ 森タワー。1階を道路

「虎ノ門ヒルズ」は４つのビルの総称。すべて完成すると区域面積7.5ヘクタール、延床面積80万㎡、オフィス約30万㎡、レジデンス約720戸、商業施設約２万6000㎡、ホテル約350室、緑地空間約１万5000㎡という超大型複合施設になる。

が貫通する構造になっており、高さ247m、地上52階、地下5階建て。1〜4階に商業施設、4〜5階に国際会議場、6〜35階にオフィス、37〜46階に住居、47〜52階にハイアットホテル系の「アンダーズ東京」が入っている。

2020年には、虎ノ門ヒルズ森タワーに隣接して、虎ノ門ヒルズビジネスタワーが開業。高さ185m、地上36階、地下3階建てで、国際水準のオフィス機能を備えているのが特徴。スタートアップが集うシェアオフィスや、大企業の新規事業創出を支援するインキュベーションセンターも開設されている。地下には25の飲食店が連なる「虎ノ門横丁」があり、ビジネスパーソンで賑わっている。アクセスはもちろん、前述の日比谷線・虎ノ門ヒルズ駅直結である。

この虎ノ門ヒルズは現在は建設工事中であり、虎ノ門ヒルズ レジデンシャルタワー（高さ約221m）が2022年、(仮称) 虎ノ門ヒルズ ステーションタワー（高さ約266m）が2023年に竣工予定だ。

統治者のいない街・新宿

都市政策専門家である私は、これまでニューヨーク、ロンドン、パリなど世界の主要都市を長年にわたって研究してきた。そこからいえるのは、都心部のさまざまな地域で大規模な再開発が同時多発的に行われている都市は東京以外にない、ということだ。

たとえばニューヨークでは、ハドソン川沿いにある鉄道の車両基地跡地のハドソン・ヤーズで2000年ごろから大規模な再開発事業が始まり、今も行われているが、これに匹敵する別の再開発事業となると、既存のビルの建て替えで超高層がさらに超高層になるというものばかりである。

またロンドンでは、かつてロンドン港の荷役作業が行われていたテムズ川沿いのドックランズで、過去20年くらいにわたって再開発事業が進められたが、これは都心の東の外れでイーストエンドとも呼ばれている。このさらに北側に位置するストラットフォード一帯は、2012年のオリンピックに向けて大規模な開発（クイーン・エリザベス・オリンピック・パーク［QEOP］）が行われたが、事業は今も継続中だ。そして、最近では西側のウエストエンドや南側の発電所跡地での開発は進んでいるが、都心でこれに代わる大規模プロジェクトは見当たらない。

それら世界の主要都市に比べ、東京ではなぜ複数の再開発プロジェクトが都心で同時に進められているのか。その理由のひとつとして考えられるのが、東京では複数のデベロッパーが群雄割拠していることだ。東京には優秀なデベロッパーが複数存在しており、かつ地域ごとにきっちり棲み分けができている。

たとえば、前述した大手町・丸の内・有楽町は明治時代から三菱地所の独壇場だった。発端は1890年（明治23年）、当時の三菱家当主である岩崎弥之助が明治政府から丸の内一帯の土地を買い取ったこと。当時の明治政府は陸軍強化のための資金が足りず、政府が所有していた丸の内の原野を、岩崎弥之助に頼み込んで買い取ってもらったのだ。東京駅西側の広大な土地を破格の値段で手に入れた三菱家は、そこからこの地域での大規模開発に着手し、後に大丸有が発展する礎を築いた。

一方、日本橋は江戸時代から越後屋三井家の地盤、下世話な言葉でいえば〝縄張り〟だった。だから日本橋地区では今も、三井不動産がしっかり再開発の手綱を握っている。

渋谷はもちろん、東急グループのお膝元だ。東急電鉄・東急百貨店・東急不動産が渋谷駅周辺の土地をがっちり押さえており、かつ鉄道事業にも百貨店小売業にも精通しており、沿線開発でも実績がある。そのため、渋谷駅周辺の100年に一度の再開発においても主導的な役割を果たした。

六本木・虎ノ門エリアの主は森ビルである。森ビルは業界的にいえば新参者（1959年設立）だが、赤坂アークヒルズ（1986年開業）の開発でいち早く「複合施設」という概念を導入。このアークヒルズでの経験を生かし、六本木ヒルズではオフィス・店舗・ホテル・住宅・文化施設・緑地空間をあたかも〝街〟のように一体的に開発することで、都心にいながら人間らしい職場環境と住環境を実現し、その後の再開発事業のモデルをつくった。「都心は働く場所、郊外は暮らす場所」という、それまでの日本人の固定観念に大きな風穴を開けた企業でもある。

それらに対して、本書のテーマである新宿はどうだろうか。

一言でいえば、新宿には強力な統率者が不在なのだ。鉄道路線でいえばＪＲ、小田急、京王、西武、東京メトロ、都営地下鉄と複数の会社が乗り入れているものの、全体を統括する企業が現れない。駅周辺の地権関係でいえば、住友不動産がリーダーを務めてもよさそうなものなのだが、新宿で勢力を拡大させる気持ちも実際の行動もなかった。このように、全体を統括する者がいないために、新宿では面的に統一の取れた再開発事業がなかなか進んでいかないように見える。

その他の東京の主要都市に言及しておくと、池袋は西武グループと東武グループが強い街、品川はＪＲと京急グループが強い街、上野は京成グループが強い街、浅草は東武グループが強い街だといえる。ただし、それぞれの〝主〟が都市開発にどれほど前向きに取り組んでいるか、かつ、都市開発にどれだけ高度なノウハウを持っているかで、それぞれの街における再開発の成果は違ってくる。

なお、本章冒頭の三井ビル売却に関してひと言述べておくと、三井不動産は今や事業の軸足を完全に日本橋や八重洲、日比谷に置いているようだ。新宿三井ビルはたしかに一時代を築いたエポックメーキングな建物には違いないが、三井が日本橋から日比谷一帯の開発に総力を結集するためには、やむを得ない選択だったとも思える。

元禄時代に宿場町・内藤新宿が誕生

新宿にはなぜ、街全体を統合する責任者が現れなかったのか。ここで歴史をさかのぼって、新宿という街の出自について確認をしておきたい。

今日「新宿」と呼ばれている地域は、江戸時代には「内藤新宿」という甲州街道の宿場町だった。ただし、江戸時代の初めから宿場町と定められていたわけではなく、途中から宿場に追加された町だった。

江戸時代の幹線道路である五街道は東海道、日光街道、奥州街道、中山道、甲州街道の5路線。1601年（慶長6年）、初代将軍の徳川家康が全国支配に不可欠なインフラとして整備を始めた。すべての街道は日本橋を起点とし、適当な間隔を置いて宿場が設置される。宿場とは、幕府の物資運搬用に人足と馬が用意されている場所のこと。幕府公用の荷物は人足や馬を使って、宿場から宿場へリレー形式で運ばれていくシステムになってい

五街道の最初の宿

東海道	日本橋→品川宿（２里・約８km）
日光街道・奥州街道（宇都宮まで重複）	日本橋→千住宿（２里・約８km）
中山道	日本橋→板橋宿（２里半・約10km）
甲州街道	日本橋→高井戸宿（４里・約16km）

た。公用の場合、人馬の利用は無料で、私用での人馬の利用は有料。「東海道五十三次」という場合の「次」はご存じのとおり「宿場」のことで、すなわち東海道では、起点の日本橋から終点の京都・三条大橋までの間に53の宿場があることになる。

五街道が整備された当初、日本橋を起点として、各街道の最初の宿場は上記のようになっていた。

これを見ると、東海道の品川、日光街道・奥州街道の千住、中山道の板橋は日本橋よりおおむね2里（約8㎞）から2里半（約10㎞）の距離にあるが、甲州街道の高井戸だけ日本橋から4里（約16㎞）とかけ離れていた。甲州街道ではおそらく、高井戸まで目ぼしい集落がなかったのだと思われる。とはいえ、距離が通常の2倍もあるということは、日本橋（日本橋にも大伝馬町、小伝馬町などに人馬が用意されていた）と高井戸宿にとって、それだけ重い荷役負担がのしかかることになる。

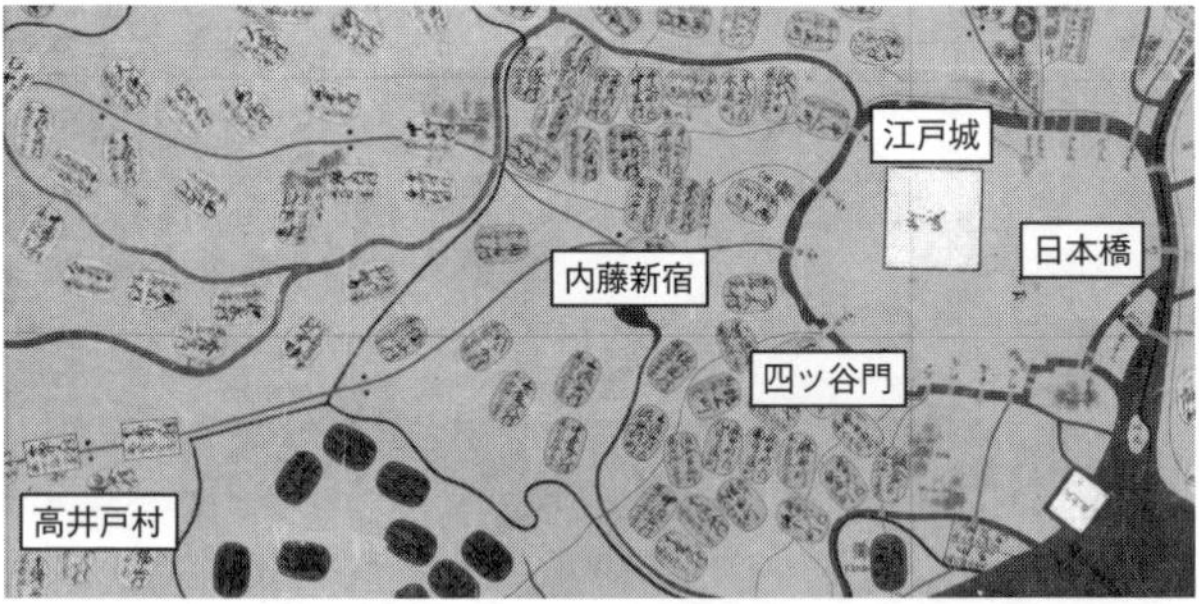

「天保国絵図武蔵国」の一部　国立古文書館デジタルアーカイブ

そこで1697年（元禄10年）、浅草の名主だった喜兵衛（新宿区のウェブサイトでは喜六）以下5人の商人が、日本橋〜高井戸間に新たな宿場を設置させてほしいと幕府に願い出る。その願いは翌1698年に聞き届けられ、幕府は5600両（今日の貨幣価値で10億円以上）の上納を条件に、名主・喜兵衛らに新たな宿場の開設を許可。そこで喜兵衛らは日本橋〜高井戸間のほぼ中間、成木街道（現在の青梅街道）との追分《おいわけ》（分岐点）の手前に新たな宿場を開設することにした。

この地は、かつて徳川家康の鷹狩りに同行した内藤清成（岡崎の譜代大名）が家康から直々に拝領した土地であり、それ以来、信州高遠藩内藤家の屋敷地だった。その面積はなんと約20万坪（約66ヘクタール）。幕府は、その高遠藩内藤家に土地の一部を返上させ、その地に宿場を開かせた。それが1699年（元禄12年）のことで、内藤家の土地につくられた新たな宿場、すなわち「内藤新宿」と呼ばれるようになった。

これ以降、五街道の日本橋から1番目の宿場である品川・千住・板橋・内藤新宿は「四宿」と呼ばれ、多くの旅人で賑わうようになる。賑わいの中心はいわゆる岡場所だ。

当時、江戸幕府公認の遊郭は吉原だけであり、吉原の遊女は花魁《おいらん》と呼ばれた。一方、闇営業の遊郭は岡場所と呼ばれ、そこで働く遊女は飯盛女、茶屋女と呼ばれた。建前上は客に給仕のサービスを提供する女性ということになっていたからだ。浅草の名主である喜兵衛らが新たな宿場開設を幕府に願い出たのも、新たな歓楽街をつくって大儲けしたいという下心からだった、ともいわれている。

ともあれ、現在の「新宿」の原点は江戸時代の「内藤新宿」であり、実際に宿場町のあった場所は、現在の住所でいえば新宿区新宿1丁目～3丁目付近、新宿御苑北側の四谷四丁目交差点～新宿三丁目交差点あたりということになる。現在の「新宿」の中心からは少し外れているが、江戸時代からここが歓楽街であったことは間違いない。

そして内藤新宿が開設されたころには、少なくとも名主・喜兵衛という都市開発の責任者が存在していたことになる。

ちなみに、江戸時代の東海道は現在の国道15号〜国道1号、日光街道は国道4号〜国道109号、奥州街道は国道4号、中山道は国道17号〜国道18号など、甲州街道は国道20号に該当する。

内藤新宿は明治時代になっていったん衰退

江戸時代中期から発展した宿場町、内藤新宿だったが、時代が明治に入ると街はさびれていく。近隣で広大な敷地面積を誇った高遠藩内藤家の下屋敷は主がいなくなり、誰も住まないまま荒れ地となっていった。内藤新宿周辺はもともと江戸詰めの武士が数多く住んでいたため、彼らが故郷に帰ってしまうと人口は一気に減少する。

あるデータによれば、江戸の総人口は明治維新後、江戸時代のピーク時の120万人から50万人にまで激減したという。新宿周辺も岡場所以外は人影もまばらで、茶畑や桑畑、雑木林が広がるばかりだったという。

そこで明治政府は、1871年（明治4年）にかつて内藤家だった広大な土地を買い上げ、近代農業振興の一環として、その地に勧業寮試験場（「内藤新宿試験場」との説も）

を整備する。いわゆる農事試験場だ。明治維新以降、海外から多様な植物や農作物が入ってきたため、それらが日本という環境で育成できるかどうか、実地に試験する必要があったためである。また、牧畜や養蚕の研究も盛んに行われたようだ。

この試験場はその後、機能の一部を駒場に移転し、1879年（明治12年）から宮内省（現、宮内庁）管轄の新宿植物御苑となり、皇室の御料地・農園として運営されるようになる。さらに転機となったのが、1898年（明治31年）に福羽逸人《ふくばはやと》という人物が責任者に就任したことだ。福羽はフランスのベルサイユ園芸学校教授であるアンリ・マルチネーに、新宿植物御苑の庭園化を依頼する。こうして1906年（明治39年）、現在とほぼ同じデザインの庭園が完成。これが今日の新宿御苑で、1949年（昭和24年）以降、国民公園新宿御苑として一般に開放されている。

明治維新以降、街としての新宿は人のほとんど住まないさびれたところだった。今となってはとても想像できないことだが、1888年（明治21年）ごろには、現在の新宿二丁目から靖国通りに至る一帯（新宿御苑北側の仲通り付近）に、敷地約3000坪の乳牛用の牧場「耕牧舎」がつくられたという。

牧場の創業者はあの渋沢栄一とも伝えられ、文豪・芥川龍之介の実父である新原敏三が牧場経営に携わっていたという。芥川龍之介自身も一時期はこの牧場の一角で暮らしていたらしい。だが、さすがに新宿での牧場経営は難しかったようだ。牧場の悪臭が問題となり、「牧場は郊外に移転すべし」という1913年（大正2年）の警視庁令により、廃業を余儀なくなされる。

牧場跡地はその後、牛屋の原と呼ばれるようになった。すると今度は、1918年（大正7年）に次のような内容の警視庁令が発せられる。「内藤新宿の遊興施設は牛屋の原へ移転せよ」。こうして、明治の御一新以降、細々と営業していた内藤新宿の歓楽街はかつて牧場があった牛屋に移転することとなった。それが今日の新宿二丁目の飲み屋街（ゲイバー街）のルーツになったようだ。

このように書くと、明治以降の新宿はさびれる一方のようにも思えるが、実はそうではない。1885年（明治18年）、日本初の私鉄である日本鉄道が品川線を開業し、板橋、新宿、渋谷の3駅を新設すると、新宿は物流拠点としての存在感を一気に高めていく（鉄道に関連する新宿の歴史は第2章で詳述する）。

戦後の闇市からいち早く復興を遂げる

都市開発という視点で新宿の歴史を見たとき、次に着目したいのが第二次世界大戦からの戦後復興である。

第二次世界大戦中、アメリカ軍は東京を100回以上空爆した。最も被害が大きかったのは1945年（昭和20年）3月10日の東京大空襲だ。10日未明、アメリカ軍の大型戦略爆撃機B29約300機が襲来。東京下町地区を中心に焼夷弾による絨毯爆撃を行い、死者・行方不明者10万人以上、被災家屋約27万戸という甚大な被害をもたらす。

今日の住所でいえば、墨田区・江東区・台東区・荒川区・千代田区・中央区など、東京の市街地の東半分にあたる約41万㎢が一晩で焼失した。

この3月10日の空襲では、新宿はほとんど被害を受けなかったが、アメリカ軍による東京への大規模空爆は繰り返し行われ、4月13日（B29約300機）、5月24日（約550機）、5月25日（約500機）の空襲で新宿全域はほぼ焦土と化した。

それから3カ月弱で日本は終戦を迎えるが、復興に向けた新宿の取り組みは素早かった。まず動いたのがテキ屋（露店商）だった。終戦5日後の8月20日、関東尾津組組長の尾津喜之助が「光は新宿より」のキャッチフレーズを掲げ、新宿駅東口の焼け跡で闇市「新宿マーケット」を開設したのだ。場所は現在の中村屋からビックロにかけての新宿通り沿いだったようだ。

その後、池袋、渋谷、新橋、神田、上野でも順次闇市が開設されるが、新宿は東京のどの町よりも早かったという。新宿マーケットにはそれから野原組、和田組、安田組といったテキ屋が加わり、テキ屋同士が協調してマーケットを維持し、一般商店が本格的に商業活動を始めるまでの期間、彼らが一般市民の衣食住全般を支え、同時にわが国の復興そのものを支えることになる。

戦後の闇市で活躍したテキ屋たちは、戦時中から空襲後の瓦礫の撤去などで警察に協力していたため、行政機関との関係性も悪くなかった。復興が進むにつれ、行政機関はGHQの命令により、露店整理事業を推進。バラックづくりのマーケットを順次撤去していったが、それまで営業していた露天商を単に排除するのではなく、更地になった駅前広場に新たなビルを建築する際、テナントとしての入居も認めていたようだ。

新宿駅前はこうしたテキ屋と行政機関の奇妙な協力関係により、焼け跡→バラックの闇市→更地→駅前広場再生という、効率的な都市開発がなされていくことになる。

ちなみに、闇市時代の飲み屋の露店商がそのまま移転する形で集積したのが、現在の新宿ゴールデン街だといわれている。

歌舞伎町はかつて高級住宅街だった!?

終戦直後、新宿は闇市ができるのも早かったが、それ以上に機敏に動いたのが現在の歌舞伎町、当時の角筈《つのはず》町内会だ。終戦4日後の8月19日には、淀橋区角筈一丁目北町（現在の歌舞伎町の一部）の町会長・鈴木喜兵衛が復興計画策定に着手。8月23日には町会員に復興計画趣意書を配布している。こうした動きはその後、民間主導の形で戦災復興事業へと展開していく。

復興事業のポイントを今風にいえば、「角筈の街を一大アミューズメント・パークにしよう」というもの。映画館、演芸場、ダンスホールなどを建設するほか、企画の〝目玉〟にしたのが、銀座の歌舞伎座のように、歌舞伎が鑑賞できる歌舞伎専用劇場を新宿につくること。「菊座」という劇場名まで決めていたという。

また、歌舞伎劇場の開設に合わせて、角筈町は東京都に町名変更を申請。申請は受理され、1948年（昭和23年）4月、角筈は「歌舞伎町」へと生まれ変わった。これが今日の歌舞伎町の由来である。

結論からいえば、歌舞伎劇場開設の夢は残念ながらかなわなかった。建築規制や資金繰りの問題など、いくつもの障壁が立ちはだかったらしい。だが、その一方で、映画館「地球座」（後の新宿ジョイシネマ、現在のヒューマックスシネマ）の開館は実現し、町はその後のアミューズメント路線へ踏み出していく。

話は前後するが、現在の歌舞伎町一帯は江戸時代、肥前大村藩主大村家の屋敷地だった。付近に「大久保」という地名が残っているように、そこは大きな窪地であり、湿地帯でもあった。時代が明治になってからは、皇室の鴨場《かもば》（鴨の狩猟を行う池）になっていた。

一方、江戸時代に人々の生活用水となっていたのが神田上水と玉川上水だ。ところが明治維新の混乱で上水の管理ができなくなると、生活用水の水質は一気に悪化。1886年（明治19年）には、東京でコレラが大流行して1万人以上が死亡したとされる。

事態を重く見た明治政府は、外国人技師の意見を取り入れるなどして、近代的な浄水場の建設計画を立案。東京府と東京市の負担により、現在の新宿区西新宿にあたる東京府豊多摩郡淀橋町に浄水場を建設することになる。この地が選ばれたのは、地形的に玉川上水の水を誘導しやすかったからだ。

こうして1898年（明治31年）、淀橋浄水場が完成。総面積は約34ヘクタール。長さ218m、幅103m、深さ3mの沈殿池3面と、長さ78m、幅51m、深さ0・8mの濾過池24面を備える巨大な施設だった。玉川上水の水はこの淀橋浄水場で浄化され、ポンプで圧力をかけて1日24万㎥の水を東京全域に送るシステムが完成する。

この淀橋浄水場を建設したときに出た残土で埋め立てられたのが、当時の豊多摩郡淀橋町角筈、のちの歌舞伎町だった。地盤が強固に改良された角筈で1920年（大正9年）に建てられたのが、東京府立第五高等女学校（現、東京都立富士高等学校・附属中学校）である。その後、この地域は軍人や官僚向けの住宅地として発展していく。第二次世界大戦前まで、歌舞伎町は高級住宅街でもあったわけだ。

この事実に着目すると、第二次世界大戦後に立案された東京都の復興計画で、現在の歌舞伎町が取り上げられた理由も理解できる。東京都は1946年（昭和21年）に発表した東京戦災復興都市計画で、区画整理を実施すべき約40の地域のひとつに淀橋町角筈（歌舞伎町）を挙げていたのである。その後、GHQの意向などで計画は大幅に縮小されたが、

戦後行われた歌舞伎町の区画整理

区画整理前

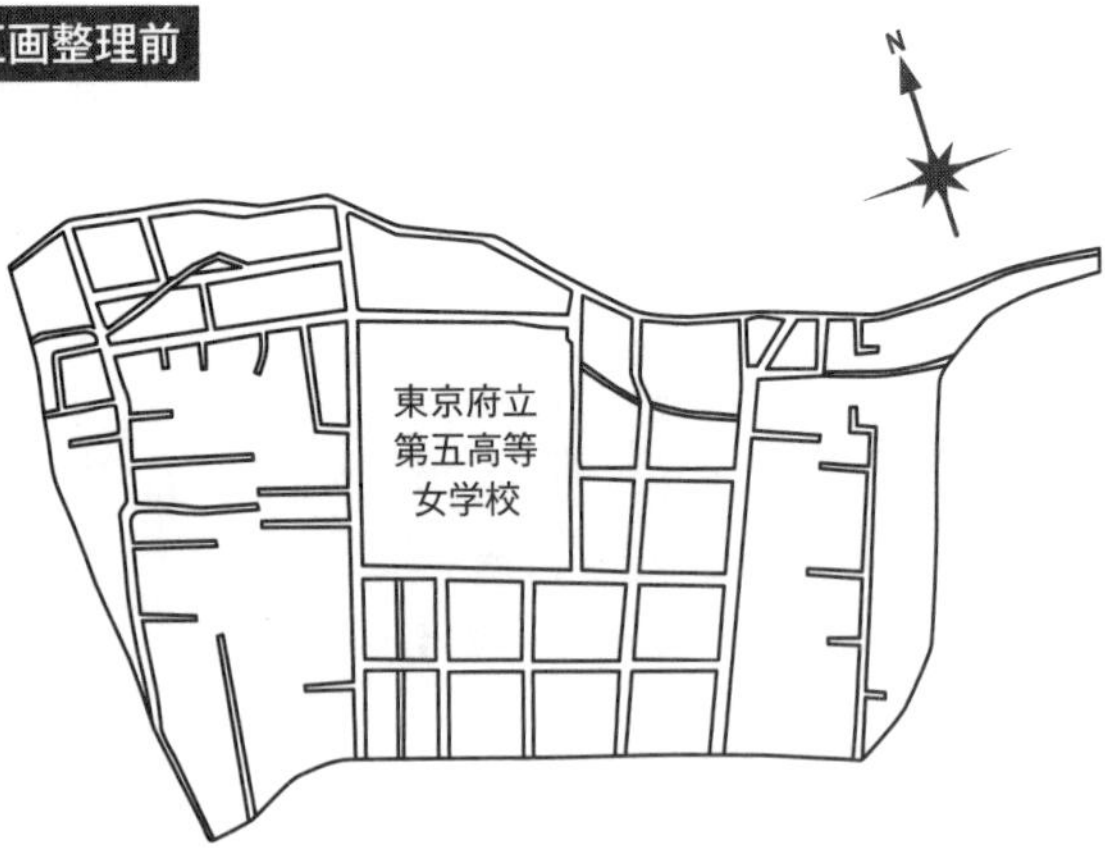

区画整理後

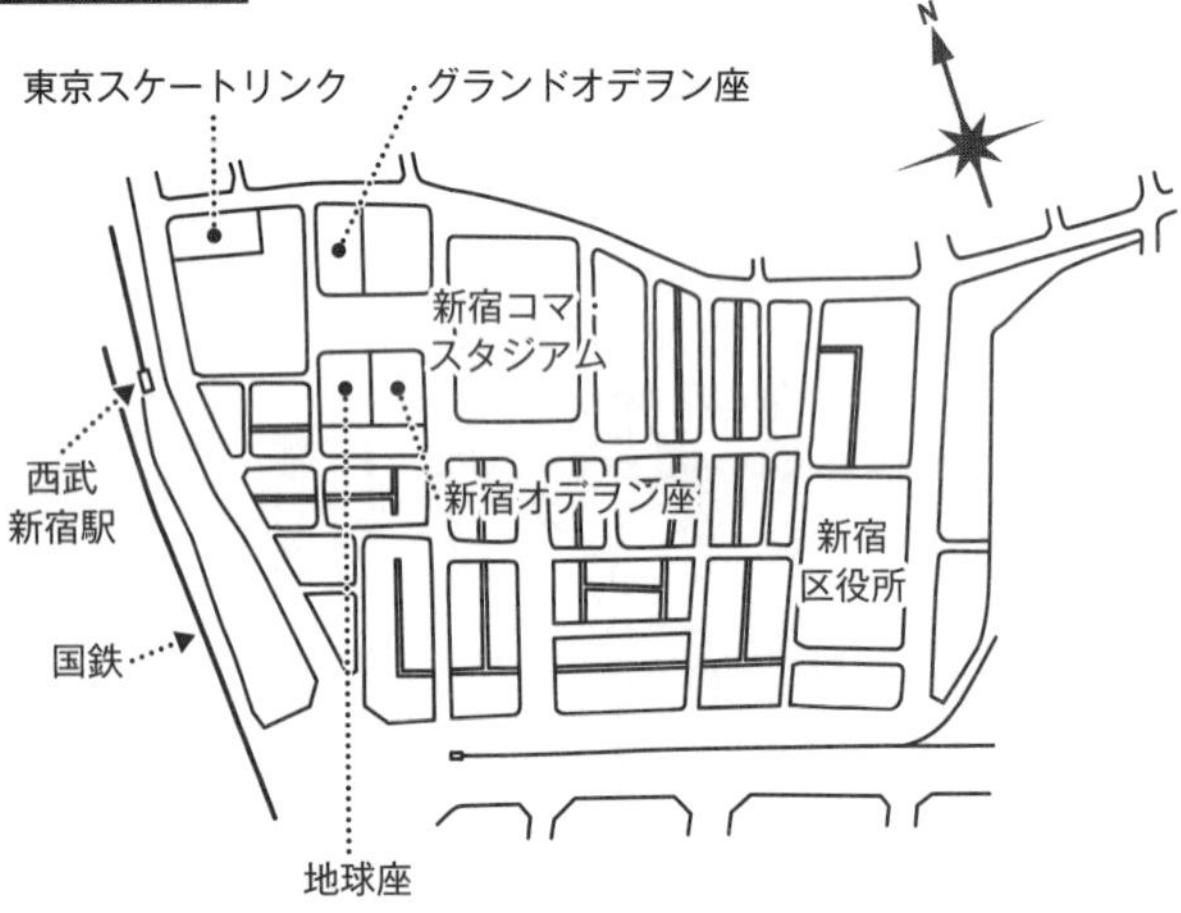

「REBUILDING URBAN JAPAN AFTER 1945」(Hiroo Ichikawa/Palgrave Macmillan)P.63
の図を一部改変

角筈では計画どおり区画整理が実施された。現在の歌舞伎町の街並みが奇妙に整然としているのは、こうした理由からである。

なお、1948年に角筈から名称変更された歌舞伎町は、1950年（昭和25年）に開催された「東京産業文化博覧会」のメイン会場として知名度を上げた。1952年（昭和27年）には「東京スケートリンク」がオープンし（のちにボウリング場となり新宿TOKYU MILANOに改称）、1956年（昭和31年）の新宿コマ・スタジアム（のちの新宿コマ劇場）の誕生により、歌舞伎町は娯楽の殿堂として一気にブレークすることになった。

ちなみに、アミューズメント志向がさらに過激化して、歌舞伎町が日本一の性風俗店街として名を馳せるのは1980年代に入ってからのことだ。

新宿駅東口のフーテン族と西口地下広場のフォークゲリラ

東京の戦後の歩みをたどるうえで、1964年の東京オリンピックは外すことができないイベントだろう。このときのオリンピックを機に、東海道新幹線、東京モノレール、首都高速道路をはじめとする幹線道路、ハイクラスホテル、上下水道など多くの社会インフラが整備され、私たち日本人の暮らしは大きく変わった。だが焦点を「新宿」に絞ると、お隣の渋谷区ほどオリンピックの影響は大きくなかったようだ。

それでも、高度成長期真っ只中だった1960〜1970年代、新宿には独特の空気感が漂っていた。今の若い人たちには想像しにくいかもしれないが、新宿は〝東京で最も進んだ場所〟という、流行の最先端をいくイメージがあったのだ。

たとえば当時、新宿は〝フーテン族〟のメッカだった。三省堂の『戦後史大事典』によれば、フーテン族とは次のような人たちだ。

「1967（昭和42）年夏、東京・新宿に出現した異様な風体の若者たちのこと。定職を持たず、ぼうぼうの髪と汚れ放題のシャツにジーンズ、ゴム草履という姿で日が暮れるとどこからともなくあらわれ、新宿駅東口のグリーンハウスと称する芝生にたむろし、通行人をぼんやり眺めたり、小金をせびったり、奇声を発したりした。当時グリーンハウスを定宿としたフーテンの数は約800人。睡眠薬ハイミナールでラリって、ダンモ（モダン・ジャズ）に踊り狂い、放縦なセックスにふける。このハイミナール（ハイチャン）、ダンモ、フリー・セックスが当時フーテンの三種の神器といわれた。

フーテンの祖型は1950年代アメリカのビートニクに求めることができるが、ビートニクやヒッピーほど明確な思想を持つことも反体制運動に結集することもなく、ただ一過性の現象、風俗で終わった。」
（『増補新版　戦後史大事典』三省堂・2005年）

右の解説文では単に「ジーンズ」と書かれているが、筆者の記憶によれば、当時のフーテン族の多くはベルボトム（パンタロンまたはラッパズボン）のジーンズをはいていたように思う。チューリップハットを被っている人が多かったかもしれない。

ともあれ、1960～1970年代当時、新宿が流行の最先端の場所だったからこそ、新宿には自然と多くの若者や大学生たちが集まっていた。彼らは紀伊國屋書店で専門書を漁り、歌舞伎町の映画館街で映画をはしごし、ジャズ喫茶で体を揺らし、恋人のいる者は仲よくラブホテル街に消えていった。

大学生と新宿駅の関わりでいえば、1968年（昭和43年）10月には、のちに「新宿騒乱」と呼ばれる事件も起きている。

これは国際反戦デーの10月21日、ベトナム戦争に反対する反日共系全学連の学生約6000人が防衛庁（現、防衛省）、国会議事堂、国鉄（現JR）新宿駅に突入しようとして、警官隊と激しく衝突した事件だ。なかでも新宿駅では、ゲバルト棒（角材）などで武装した2000人を超える学生が東口広場に集結。午後9時ごろに決起集会を開いたうえで駅構内に乱入し、阻止しようとした警官隊と武力衝突した。学生たちはゲバ棒を振り回し、投石し、電車シートに放火するなどして電車、信号機、駅施設を破壊。野次馬も2万人以上発生して新宿駅は大混乱。約150万人の通勤・通学客に影響を及ぼした。事態を重視した日本政府は16年ぶりに騒乱罪の適用を決定し、約750人の学生を逮捕するに至った。

このように、新宿駅東口で若者たちが強烈に自己主張していた一方、新宿駅西口では別のムーブメントが起きていた。筆者が今でも鮮明に覚えているのは、1969年（昭和44年）6月、新宿駅西口地下広場で起きたフォークゲリラ事件だ。

先ほどのフーテン族の解説でも触れられているが、1960年代後半から70年代にかけては、世界的に学生運動が大きな盛り上がりを見せた時代だった。当時学生たちが主張していたのは、「ベトナム戦争反対」「人種差別反対」「女性解放」「安保反対（これは日本のみ）」など。アメリカのヒッピーやフラワーチルドレンの多くは「ラブ&ピース」を理想に掲げ、プロテストソングを歌うなど平和主義的に世の中に自己主張したが、ときには日

新宿西口反戦フォーク集会の様子（1969年［昭和44年］6月）　新宿歴史博物館

本の全共闘のように活動が先鋭化、武力化するケースもあった。

フォークゲリラとは、1968年ごろから東京や大阪で自然発生的に始まった、フォークソングの反戦歌をみんなで歌う集会のこと。警官隊が来るとちりぢりに逃げ、また別の場所で歌い出すなど神出鬼没のゲリラのような行動を取ったため、いつしかフォークゲリラと呼ばれるようになったらしい。

1964年の東京オリンピック後、地上と地下の二層式というモダンな新宿駅西口地下広場が完成したが、そこでは1969年5月ごろから、ベ平連（ベトナムに平和を！市民連合）を中心に、毎週土曜の夜にフォークゲリラの集会が開かれていた。地下広場は毎回数千人の学生や勤め帰りのサラリーマンで埋めつくされ、岡林信康の「友よ」などのプロテストソングを、みんなで肩を組んで歌っていた。事件になったのは6月28日。この日は7000人以上もの人が集結し、同じく数千人規模の機動隊と激突。機動隊は催涙ガス弾を用いて群衆を制圧、多数の逮捕者を出した。この事件以降、当局は「新宿駅西口地下広場」の名称を「新宿駅西口地下通路」に変更。「ここは広場でなく通路だ」という理屈で道路交通法を適用し、集会を開くことはおろか、ここに滞留することも禁止となった。

1960〜70年代のあのころ、新宿という街はたしかに、若者たちのほとばしる熱狂とともにあったのだ。

淀橋浄水場跡地に誕生した西新宿超高層ビル群

先ほど言及した新宿駅西口地下広場は、1966年（昭和41年）11月に完成した。この地下広場を含め、新宿駅西口広場全体を設計したのはル・コルビュジエに師事したことでも知られる著名な建築家・坂倉準三だ。さらにいえば、新宿駅西口広場はこの物件単独で設計されたものではなく、1960年（昭和35年）に策定された「新宿副都心計画」という大規模再開発プロジェクトの要という位置づけでデザインされたものだった。

当時、新宿駅ほど線路の両側で印象がガラリと変わる駅も少なかった。猥雑でガヤガヤしていてやたら人が多い東口と、どこか素っ気なく殺風景な西口。歴史的に見ても、映画館や百貨店などの商業施設で昭和の初めから栄えていた東口に比べて、西口が多くの人で賑わうようになったのは戦後もかなり遅くなってからだ。それも、京王百貨店と小田急百貨店がある西口駅前から少し離れると、もう歩いている人の数がまばらになってしまう。

新宿駅西口がなかなか栄えなかった理由は、駅から歩いてほんの5分ほどのところに、淀橋浄水場という巨大な施設が長年居座っていたからだ。

歌舞伎町のところでも述べたが、東京都民にきれいな水道水を供給するために淀橋浄水場が建設されたのは1898年（明治31年）のこと。以来、この浄水場は1日24万㎥の上水を都民に供給し続けてきた。

だが、給水開始から30年ほどしか経っていない大正時代の終わりごろには、早くも浄水場移設の話が持ち上がっていたようだ。浄水能力の問題ではない。鉄道関連の話は第2章でまとめて述べるが、新宿駅のターミナル駅としての重要性が急速に高まるにつれて、駅前の大規模な開発が必要だと考えられるようになっていたことが大きい。新宿駅周辺を本格的に整備しようと思うと、駅前の好立地に鎮座している総面積約34ヘクタールの淀橋浄水場は、いかにも邪魔である。

とはいえ、これだけ巨大な施設を別の地域に移設するのはそう簡単ではない。浄水場移転に向けて具体的に動き出すのは、高度経済成長のさなかの1960年（昭和35年）から。東京都は淀橋浄水場の廃止を決定し、その跡地を市街地として整備する「新宿副都心計画」を策定したのだった。この計画を受けて、新宿副都心建設公社が発足。新宿副都心建設の起工式が行われたのは1964年（昭和39年）2月10日だ。この時点から、その後の西新宿超高層ビル群の建設が実質的にスタートする。

一方、淀橋浄水場は1965年（昭和40年）3月31日をもって通水を停止。浄水場機能は同じ多摩川水系の東村山浄水場（1960年竣工）に引き継がれ、淀橋浄水場は閉鎖された。ちなみに、2021年4月現在、東京都水道局が使用している浄水場は東村山をはじめ境（1924年竣工）、金町（1926年竣工）、朝霞（1966年竣工・所在は埼玉県）、三郷（1985年竣工・埼玉県）など12カ所に及ぶ。

1961年ころの新宿駅近辺。西側に淀橋浄水場、東側に新宿御苑が見える。
国土地理院ウェブサイト「地理院地図」

そもそも、新宿副都心としての再開発は、国が策定した首都圏整備計画（1958年）に基づいている。日本が高度成長期を迎え、都心部の人口増加と交通の過密化が問題視され始めたころで、このままでは都市としての機能が麻痺しかねないと国は考えた。そこで東京都は都心機能の一部を分散するために新宿、渋谷、池袋を「副都心」と定め、順次再開発していく方針を示した。東京都の新宿副都心計画はその方針に沿ったもので、淀橋浄水場跡地（約34ヘクタール）を含めた約56ヘクタールの基盤整備の概要が定められた。

この計画のポイントは2点ある。1点目が、都心の業務機能を分散するため、業務地区を形成すること。つまり、街づくりにおいてはオフィス機能を重視するということだ。2点目は、人口増と自動車社会に対応する交通機能を持たせること。また、浄水場貯水池の底は周囲より7m低いが、すべて埋め戻すのは費用面で得策ではないため、この高低差をいかした街づくりをすることも求められた。

新宿副都心計画の追い風となったのが、1961年（昭和36年）に建築基準法が改正され、「特定街区制度」が導入されたことだ。31mの絶対高さ制限が撤廃されると同時に、特定街区で容積率を移転できるようになった。簡単にいえば、10棟の建物を1棟にまとめることで、容積を縦に増やしてもいいということだ。つまり、ビルの足もとに十分な空き地をつくれば（有効空地の確保）、ビルをより高くすることが可能になったのだ。

また、文化施設やコミュニティ施設を配置したり、住宅を併設したりすることでも容積率は緩和される。新宿副都心計画地域は1965年（昭和40年）に第10種容積地区の指定を受けて容積率1000％が認められ、超高層ビルの建設が可能になった。

なお、都の代行機関である財団法人・新宿副都心建設公社は公民連携で地区の基盤整備（公共施設設置と宅地造成）のみを行うことになり、建築物の建設は東京都水道局から土地を購入した民間企業各社が行うこととなった。

こうしていよいよ、西新宿超高層ビル群の建設ラッシュが始まる。

まず1968年（昭和43年）3月31日、宅地造成工事の終了とともに、新宿駅から最も遠い区画に新宿中央公園がオープン。これ以降、超高層ビルが順次竣工していった。

都庁移転で「東京の重心」を西に移動させる

新宿西口の超高層ビル群については、最後に建設された東京都庁舎（1991年3月9日落成）についても語っておかなければならない。1979年、都知事に就任した鈴木俊一は老朽化した都庁舎（丸の内）の立て替えにあたり、都庁の新宿移転を積極的に推進。1985年9月に東京都議会で「東京都庁の位置を定める条例」が可決され、新宿副都心の目玉として新庁舎の建設が決まった。当然のことながら、丸の内から新宿へ移転することに対して、23区東側の区からは猛反発があった。

鈴木都知事の狙いは「多心型都市」の実現だ。東西に長い東京都にあって、東は丸の内や銀座を中心にした既存の都心を7つの副都心が囲み、西は立川、八王子、多摩センターなどを〝多摩の心〟として、東西のバランスをとるという発想だった。

その意味では、丸の内にある都庁舎を新宿の淀橋浄水場跡地に移転し、東京の重心を西

東京都による「多心型都市構造」の概念図

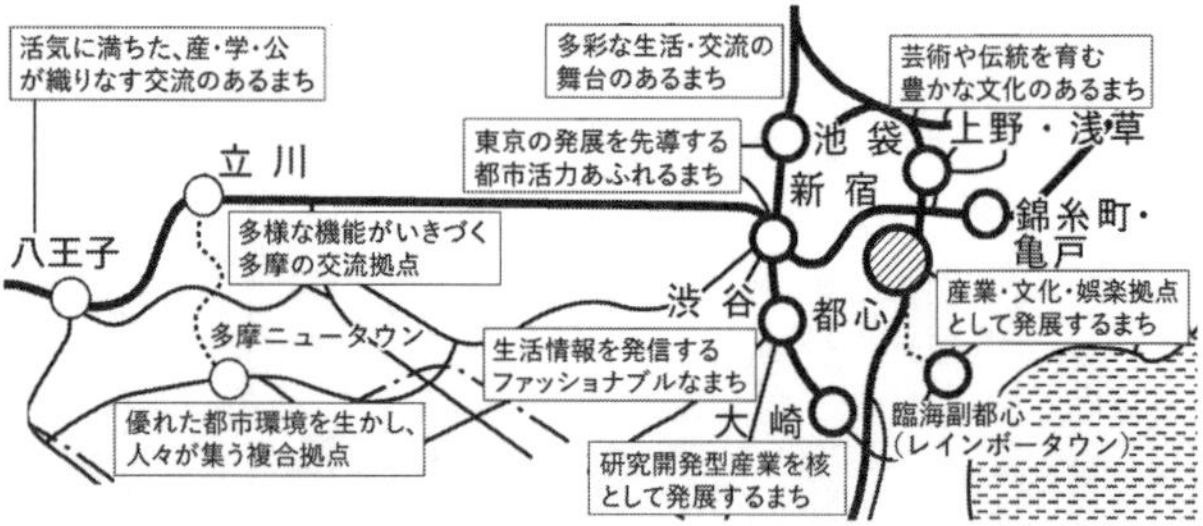

東京都企画審議室『第二次東京都長期計画 マイタウン東京―21世紀への新たな展開』(1986年)

に移すというのは理にかなった計画だったが、立川出身の鈴木都知事の提案でもあり、前述の通り23区東側の議員の反発も大きかった。結局、墨田区に江戸東京博物館、足立区に東京武道館、江戸川区に葛西臨海公園を建設することで反対派も矛を収め、西新宿での建設が始まる。1985年10月末に指名設計競技参加者が選ばれ、翌年4月に丹下健三の設計案に決定した。丹下氏は日本一の建築家であるとともに、鈴木都知事の後援会長でもあったため、「(当時世界最速の)カール・ルイスが勝つのと同じで、コンペで負けるはずがない」との噂も立った。

東京都庁舎は新宿中央公園に面した第一本庁舎と第二本庁舎、都議会議事堂の3棟からなる。超高層ビル街区の中央から西南側に位置し、1号地には第二本庁舎、4号地には第一本庁舎、5号地には都議会議事堂と都民広場がある。高さ243メートルの第一本庁舎はサンシャイン60を抜き当時日本一の高さを誇ったが、2年後には横浜ランドマークタワーにその座を譲った。建設当時はバブル景気の真っ最中であり、建設単価の高さもあって「バブルの塔」とも呼ばれた。第一本庁舎45階（地上202メートル）には「南展望室」と「北展望室」が設置されており、無料ということもあって多くの観光客が訪れる。

この建物はポストモダン的なデザインで丹下健三の代表作のひとつとなっているが、双塔のデザインとしたことで他の超高層ビル群とは一線を画した特徴のある建物となり、このエリアのランドマークとして厳然と存在している。なお、双塔にしたことでそれぞれの塔にエレベーターが分散配置されることになり、利用者が集中して待ち時間が長くなるという不便も生じている。また2011年の東日本大震災では建物に亀裂が入り、雨漏りが生じるなどしたため、その後、新たな耐震補強工事が行われた。

新宿の超高層ビル街はなぜ活気がないのか

都心機能の分散を図った国の首都圏整備計画、ならびに都の新宿副都心計画は、1990年に東京都の新庁舎が完成したことでいちおう完結し、西新宿の街づくりもここに完成したと見ることができよう。特に超高層ビルが続々と出現した1970年代から80年代にかけて、西新宿一帯の外観はさながら未来都市のようだった。超高層ビルがこれほど高密度に建っている地区は日本中どこにもなく、当時は新宿こそが東京で（あるいは日本で）最も先進的な地域だと誰もが考えたはずだ。

しかし、今日の街づくりの観点から見ると、この西新宿超高層ビル街のつくり方は明らかに失敗だった。ひと言でいえば、自動車社会（モータリゼーション）を意識しすぎた構造だったために、人々が自由に行き来できる動線をつくれなかったのだ。

まず第一の失敗は、人々の憩いの場になるはずの新宿中央公園を駅から最も離れた場所に配置したこと。この配置では、駅から歩いていくには遠すぎる。また、超高層ビル街で暮らし働く人々も、休憩時間にわざわざ駅から遠い方向に歩いていくとは考えにくい。結果的に、人々の集まりにくい公園になってしまった。公園をエリアの中央に置き、周囲のビル群がこの公園を囲むように配置されていたら、状況はかなり変わっていたはずである。

第二の失敗は車道を優先しすぎたことだ。計画段階の1960年代初頭においては、日本もアメリカのようなクルマ社会になることが想定されたようだが、実際にはそうならなかった。土地が狭く、地価が高く、公共交通機関が充実している東京においては、移動手

西新宿超高層ビル群

①1971年(昭和46年)6月5日竣工　高さ178m・地上47階・地下3階
②1974年(昭和49年)3月6日竣工　高さ210.3m・地上52階・地下4階
③1974年(昭和49年)7月1日竣工　高さ164.7m・地上32階・地下3階
④1974年(昭和49年)9月30日竣工　高さ225m・地上55階・地下3階
⑤1976年(昭和51年)5月1日竣工　高さ200m・地上43階・地下6階
⑥1978年(昭和53年)5月31日竣工　高さ209.9m・地上50階・地下5階
⑦1979年(昭和54年)10月31日竣工　高さ222.95m・地上54階・地下4階
⑧1980年(昭和55年)9月15日開業　高さ116.5m・地上28階・地下4階
⑨1980年(昭和55年)8月竣工　高さ117.1m・地上26階・地下4階
⑩1982年(昭和57年)9月竣工　高さ133m・地上30階・地下3階
⑪1983年(昭和58年)12月2日開業　高さ96m・地上25階・地下4階
⑫1984年(昭和59年)9月1日開業　高さ130.2m・地上38階・地下4階
⑬1986年(昭和61年)3月竣工　高さ109.57m・地上28階・地下4階
⑭1986年(昭和61年)地上19階、地下2階(2019年新病院に建替済み)
⑮1989年(平成元年)6月竣工　高さ121m・地上31階・地下5階
⑯1990年(平成2年)6月30日竣工　高さ123.35m・地上30階・地下3階
⑰1990年(平成2年)12月竣工　高さ243.4m・地上48階・地下3階

造成中の新宿副都心（1967年［昭和42年］）。自動車社会の到来を予測して、車道優先の街づくりが行われた。　新宿歴史博物館

段として「徒歩＋電車やバス」を利用する人が圧倒的に多い。

こうした実情から見れば、超高層ビル街の車道は明らかに道幅が広すぎる。実際にはあまり自動車が走っていないので、無駄に広すぎるといってもいい。歩行者にとっては、単に道路を横断する負担が大きくなっただけだともいえる。

また、この地区の道路は、もともとあった7mの高低差（浄水場貯水池の底は周辺地面から7m低い）を利用し、かつ混雑を事前に緩和するため、立体交差が多用されている。だが、立体交差が有効に機能するほど、自動車の交通量は多くなかった、結果として、この地区を移動する歩行者は、階段を上ったり下りたり無駄に動くことを強いられている。

さらに、車道を1階、歩道を1階と地下1階に分離する構造にしたため、商店（路面店）をつくるスペースがなく、ほとんどの道路が単に移動するためだけの通路になってしまった。後からでも道路沿いに商店街を追加できていれば、もっと人々で賑わう街がつくれていたはずだ。

以上を総括すれば、次のようにいえるだろう。西新宿の街づくりは先進的すぎた。時代を先取りしすぎた結果、人にやさしくない街になってしまった。

街づくりを東京都主導で進めたことも、マイナスに働いてしまったのだと思われる。大丸有の三菱地所、日本橋の三井不動産、六本木・虎ノ門の森ビル、渋谷の東急など、どこか1社の民間デベロッパーが計画全体をコントロールしていれば、もう少し統一の取れた街づくりができたのではないだろうか。

1980年代まで、新宿は間違いなく時代の先端を走っていたと思う。そして、先行していた分だけ新時代に即応した再開発になかなか踏み切ることができなかった。

2021年現在、各デベロッパーがしのぎを削る東京の再開発レースにおいて、新宿は周回遅れになってしまった感が否めない。新宿はこれから、この形勢を逆転できるのだろうか。

第2章

「世界一の巨大ターミナル」は
どうやって生まれたのか

明治時代に日本鉄道品川線の途中駅として誕生

新宿駅における一日平均の乗降人員数は、5つの鉄道会社を合計すると約360万人（2019年）。これは、わが国の都市人口第3位である大阪市（約270万人）を軽々と凌駕し、都道府県別人口10位の静岡県（約370万人）に迫る数字である。

日本の鉄道駅でももちろん第1位であり、2007年にギネス世界記録に認定されて以来、「利用者数世界一」の地位を守り続けているのだ（ちなみに、世界ランキングの1位～10位も日本の鉄道駅が独占している）。

新宿駅にはなぜ、これほどまでに人々が集中するのだろうか。この第2章では、新宿駅が世界一の巨大ターミナル駅になるまでの歴史を振り返ってみたい。

新宿駅が誕生したのは、1885年（明治18年）3月1日。建設したのは、日本初の私鉄である日本鉄道だ。当初の駅名は「内藤新宿」だったが、2年後に「新宿」駅に改称される。当時の住所は「東京府南豊島郡角筈村字渡邉土手際」。東京市外の、人家もまばらな土地柄だった。

ご存じのとおり、日本で初めて鉄道が開業したのは新橋駅－横浜駅間。1872年（明治5年）10月14日のことで、その翌日から1日9往復の列車が運行され、新橋－横浜間（途中駅は品川、川崎、鶴見、神奈川）の29㎞を53分かけて走った。翌年には収入が経費を上回る黒字路線となり、鉄道建設はそこから日本全国で急拡大していくはずだった。

ところが、1877年（明治10年）に勃発した西南戦争の戦費が明治政府の財政を厳しく圧迫する。その結果、すでに建設許可が下りていた東京－高崎間の鉄道建設が1880年（明治13年）に取り消され、官営では東海道線以外の鉄道建設がほぼストップしてしまう事態となった。

こうした状況を憂えたのが当時の華族や士族たちだった。彼らは当時政府の右大臣だった華族の岩倉具視に働きかけ、自分たちの所有する財産を担保に鉄道会社の創設を願い出る。その願いは聞き届けられ、1881年（明治14年）には岩倉具視らを中心に日本鉄道が設立され、東京－高崎間の鉄道建設が本格的にスタートすることになった。

なぜ、東京－高崎間の路線が必要とされたのかといえば、当時日本の最大の輸出品だった生糸と絹織物が関係している。これらを集積地の北関東から輸出港である横浜港まで運ぶために、大量輸送に適した鉄道が必要だったのだ。

当時の明治政府は欧米列強に対抗するための富国強兵政策をとっており、武器や兵器を外国から購入するには、日本特産の生糸、絹織物を輸出して大量の外貨を稼ぐ必要があった。高崎は北関東一円の生糸と絹織物の集積地であり、それらの輸出品を鉄道で東京まで運ぶことができれば、あとは新橋経由で開港場の横浜まで運び込めるからだ。

この、東京―高崎間の鉄道建設を担ったのが日本鉄道だった。日本鉄道は設立の経緯からして半官半民的な会社であり、経営面で政府から優遇されたほか、鉄道技師を官営鉄道から借りることもあったようだ。

だが、東京―高崎間で着工されるはずだった鉄道建設は、実際には上野―高崎間に変更される。上野―東京間には神田や日本橋など、当時最も人口密度の高かった地域が含まれていて、鉄道用地を確保するのが困難だったからだ。そこで、当初計画されていた東京―高崎間の鉄道路線は、まず上野―高崎間で1884年（明治17年）5月に営業を開始する。

問題は、上野―東京間をどうつなぐか。そこで考え出されたのが、人口密集地の神田・日本橋を迂回するため、上野より北側から線路を西に延ばし、当時人口が少なかった武蔵野台地東側の縁に沿って線路を通す案だった。最終的には、上野の北側の赤羽から線路を分岐させて西に延ばし、板橋、新宿、渋谷を回って品川に結ぶ路線が決定される。

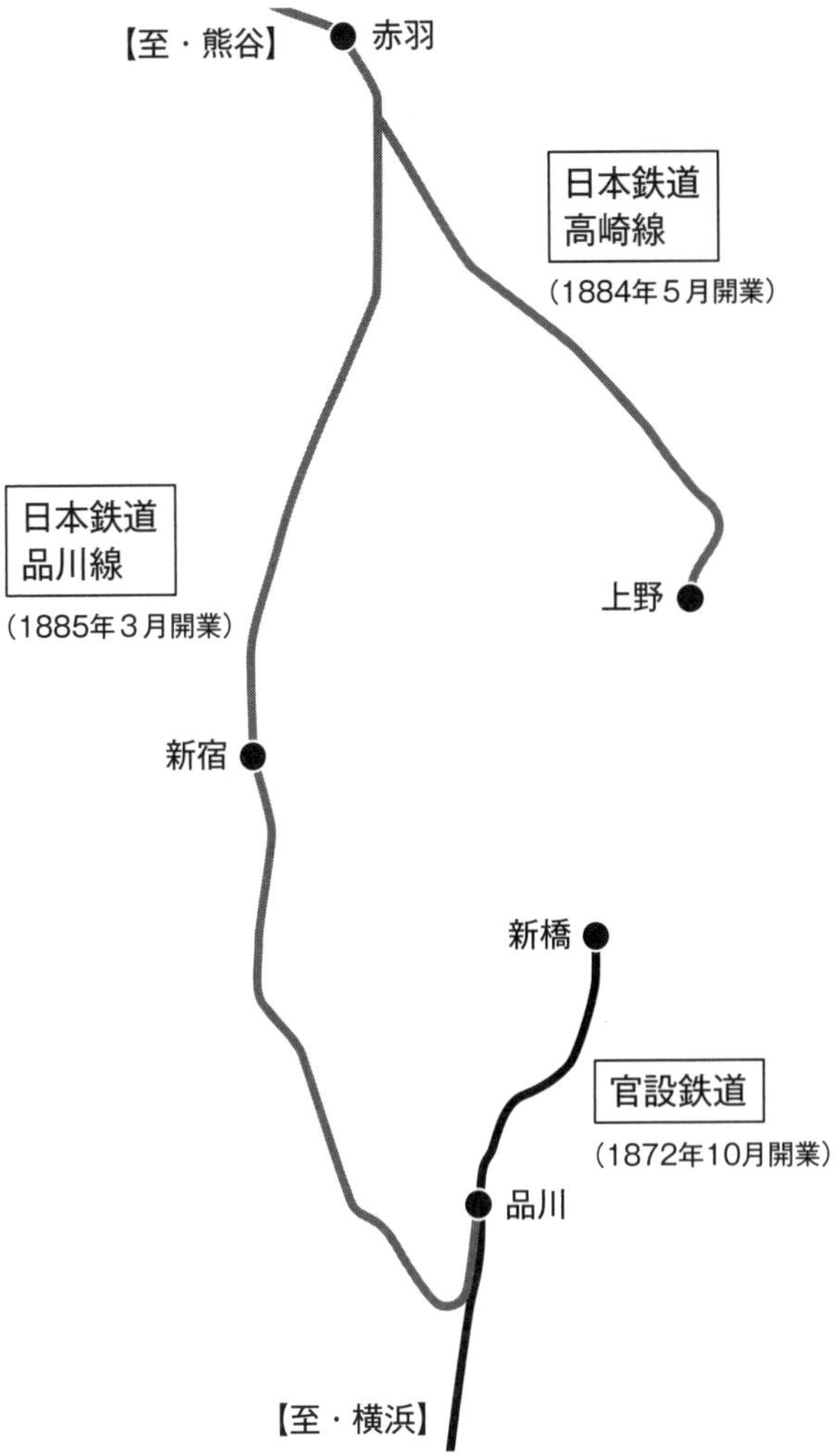

上野から新橋までは市街地のため鉄道の敷設は難航。そのため、日本鉄道は西側に迂回する形で品川線を開通させた。

これが日本鉄道品川線と呼ばれる路線で、冒頭で紹介したとおり、1885年（明治18年）3月1日に開業。こうして、北関東で産出される生糸や絹織物は鉄道による貨物輸送により、高崎－赤羽－品川－横浜という経路で開港場まで運ぶルートが完成した。

ちなみに、この赤羽からぐるりと西側に回る線は、1906年（明治39年）に日本鉄道が国有化されて以降もそのまま運用され、今日のJR山手線、JR赤羽線（埼京線）へと引き継がれている。

というわけで、前置きが少々長くなったが、新宿駅はそもそも北関東の生糸や絹織物を横浜まで運ぶ貨物線の途中駅として誕生したのだった。

開業当初は日本鉄道の貨物駅として栄える

1885年に誕生した日本鉄道新宿駅の駅舎は、もともと内藤新宿として栄えた宿場町から離れた、人通りもまばらな場所につくられた。開業13年後の1898年（明治31年）になっても、駅構内でキツネが列車に轢かれたという記録も残っているそうだから、よほど辺鄙な場所だったのだろう。

その駅舎は、現在のJR新宿駅東口付近、ちょうどルミネエストが建っているあたりにつくられた。内藤新宿の宿場は新宿御苑の北側、現在の四谷四丁目交差点から伊勢丹新宿店くらいまでに連なっていたので、駅舎は盛り場から200〜300m西側につくられたことになる。駅舎は小さな木造で、駅前には茶屋があるだけ。改札口は1カ所。プラットホームは2つで、改札口に面して片面ホーム、線路を挟んだ向こう側に両面ホームがある「2面3線」という構造だった。

駅には旅客列車と貨物列車が停車したが、旅客列車は2両編成で1日わずか3往復。乗降客は1日平均36人で、多い日でも50人前後。雨などの悪天候時は0人という日もあったらしい。この駅が、後に1日360万人という世界一の乗降人員数を誇ることになるのだから、歴史というのはわからないものだ。

開業当時の新宿駅は、貨物駅としての役割のほうが大きかった。改札口に直結した片面ホームの南側（甲州街道側）延長線上に貨物ホームがつくられ、その付近には後に問屋や倉庫が立ち並んでいく。現在のタカシマヤタイムズスクエアのあたりだ。

その当時、新宿駅で降ろされる貨物の多くは北関東産の薪炭だった。当時はまだ電気もガスも普及しておらず、灯油などの石油燃料も一般的ではなかったため、市井の人々は暖房や調理に薪や炭を使うしかなかった。当時の人々にとって唯一のエネルギー源は薪と炭であり、これらは生活必需品だったのだ。こうして、新宿駅の南側には、薪炭や石炭を扱う問屋や運送会社の倉庫が20～30軒ほど建てられていく。

余談だが、後に紀伊國屋書店を開業して有名になる田辺茂一氏の先代は田辺鉄太郎氏。彼は新宿で薪炭問屋を営んでおり、全盛期には現在の紀伊國屋書店本店のある場所から靖国通りにかけて、紀伊國屋の倉庫がずらりと並んでいたという。

甲武鉄道が開業し日本鉄道との乗り換え駅に

現在の新宿駅は、後に山手線、埼京線となる日本鉄道品川線の駅として開業したが、その4年後の1889年(明治22年)、もうひとつの路線が開業する。後にJR中央線となる、私鉄の「甲武鉄道」だ。これにより、新宿駅は日本鉄道と甲武鉄道の乗り換え駅となった。言い換えれば、後のJR山手線とJR中央線の乗り換え駅ともなったわけだ。

甲武鉄道はもともと、新宿－羽村（現、東京都羽村市）間に馬車鉄道（馬が線路上の客車や貨車を牽引して走る鉄道）を敷設するために設立された会社だった。当初、玉川上水を利用して多摩地方で収穫された農産物を東京市内に運ぶ舟運業を営んでいたようだが、玉川上水の水質悪化が問題となり、業務を続けることができなくなった。

そこで、新宿―羽村間を馬車鉄道でつなぐ甲武馬車鉄道としての計画を進めたものの、玉川上水の堤防沿いに線路を敷くことは認められなかったため、1886年（明治19年）11月に新宿―八王子間で鉄道の敷設免許を受けることになった。馬ではなく、蒸気機関車が牽引する鉄道としての免許だ。

1889年4月、まず新宿―立川間が開業する。新宿―八王子間の全線開通は同年8月だが、4月に立川までを先行開業したのは、江戸時代から有名だった小金井堤（玉川上水の両岸）の「小金井桜」の開花時期に合わせて、東京市内から花見客を集客したいという狙いがあったからだという。

ちなみに、甲武鉄道の停車駅は新宿、中野、境（現在の武蔵境）、国分寺、立川、八王子で、1891年（明治24年）には、中野―境間に荻窪駅が追加された。だが、この甲武鉄道もまた、旅客より貨物が主体の路線となった。郊外から東京市内に運ばれたのは、多摩地方の薪炭、八王子周辺の絹織物、青梅地区の石灰石など。一方、旅客輸送ではなかなか乗客数が伸びなかった。

その理由のひとつに挙げられるのが、当時の旅客運賃の高額さだ。明治中期ごろの鉄道の乗車運賃は下等が1マイル1銭、中等が1マイル2銭、上等が1マイル3銭で計算されていて、新宿－立川間の下等運賃22銭は今日の貨幣価値で5000円前後、上等運賃66銭は1万5000円前後に相当する。今日の新宿－立川間の普通運賃（IC）は473円だから、当時の運賃はやはり高すぎるといえるだろう。

その後、甲武鉄道は1894年（明治27年）に新宿から牛込駅（現在の飯田橋駅のやや西側）まで延び、さらに翌1895年（明治28年）には飯田町駅（現在の飯田橋駅のやや東側）まで延伸する。こうして、現在の中央線としての骨格が確実に形づくられていった。

1904年（明治37年）8月には、路面電車の東京市街鉄道（後の都電）に対抗するために、蒸気機関車による牽引をやめて電車による旅客列車運転を開始。鉄道専用軌道を走る日本初の電車となった。同年12月には飯田町駅から御茶ノ水駅まで電車線が延伸、開業する。また、これらの路線は区間ごとに段階的に複線化していった。

一方、以前から新宿駅を走っていた日本鉄道品川線も延伸する。1903年（明治36年）4月には田端駅と池袋駅を結ぶ短絡線が開業し、上野－田端－池袋－新宿－品川－新橋で1日8往復の旅客列車が運転を始め、翌年には新宿－池袋間が、翌々年には新宿－渋谷間

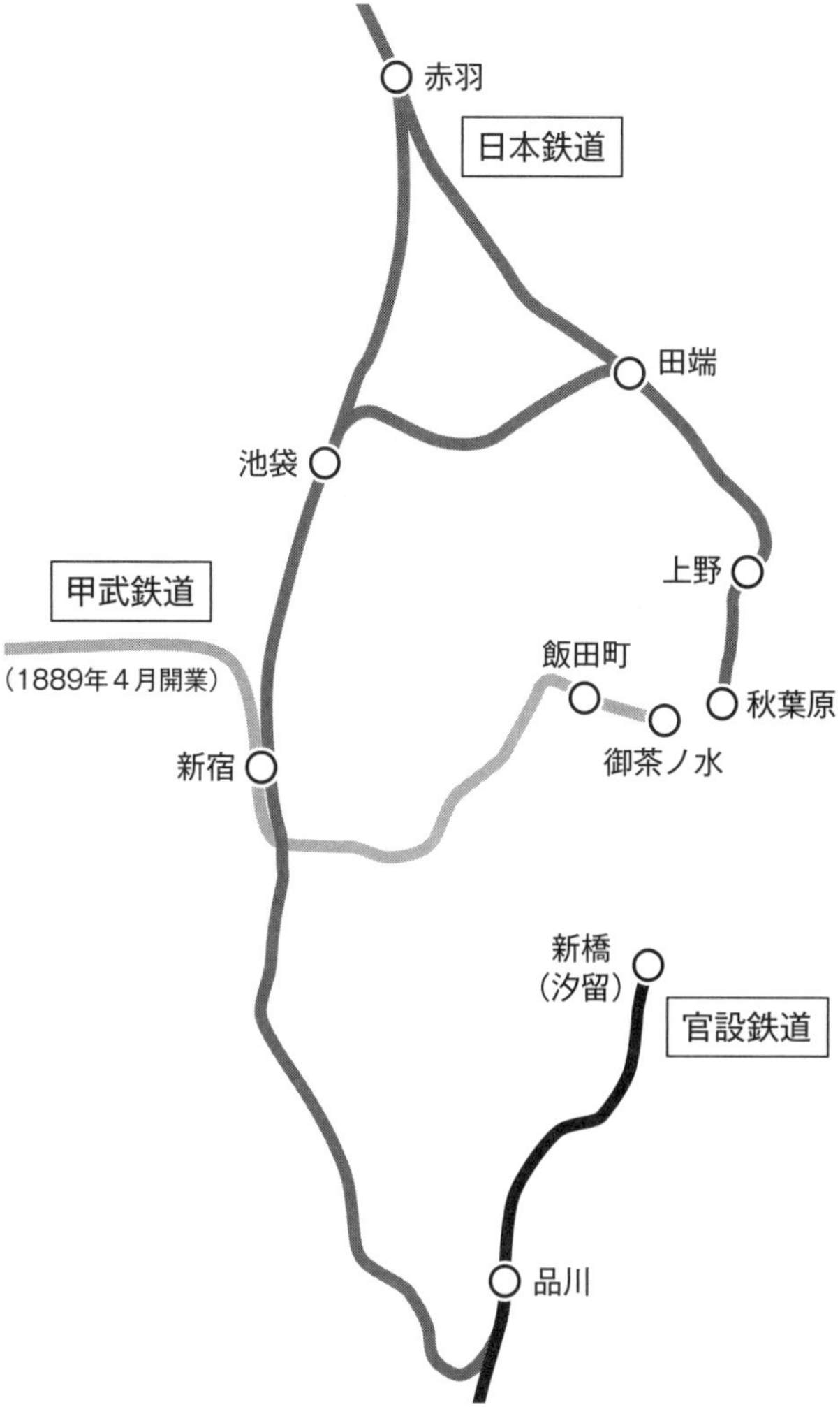

田端駅と池袋駅を結ぶ短絡線ができて山手線が徐々に形づくられていく。
また、甲武鉄道が後の中央線となる路線を開通していった。

が複線化される。

話は少々脱線するが、ここで山手線の出自についてもひと言述べておきたい。

現在の山手線のルートを考案したのは、実は日本人ではない。フランツ・バルツァーという ドイツ人鉄道技術者だ。当時の明治政府に招聘されて1898年（明治31年）に来日した〝お雇い外国人〟で、高級官僚待遇で逓信省鉄道作業局の技術顧問に就任。東京の鉄道の基本設計全般に携わった。バルツァーが来日した時点で上野、田端、目白、新宿、渋谷、目黒、品川駅はすでに開業していたので、「上野と新橋を結び、すでに完成済みの西半分を合わせて環状線にする」という計画を彼は打ち出す。それが現在の「山手線」で、ドイツの鉄道路線「ベルリン環状線」をお手本にしたものだった。ベルリン環状線は全長約37㎞で27駅、現在の山手線は全長34・5㎞で30駅。路線としての規模はほぼ同じだ。

私はこれまでに何度かベルリンを訪れているが、2016年の訪問時は半日時間が空いたので、以前から乗りたかったベルリン環状線に乗ってみた。一周が約1時間というのも山手線とほぼ同じ。旧東ドイツに属する駅の多くがさびれていたのが印象的だった。

閑話休題。その後、明治政府は日清・日露戦争を契機に挙国一致体制を重視するようになり、1906年（明治39年）、鉄道国有法を公布。日本鉄道と甲武鉄道はともに国有化された。こうして新宿駅は国有鉄道の駅となる。

「新宿駅に二度停まる電車」が登場

新宿駅を語るうえで外せないのは、1906年に日本鉄道と甲武鉄道が国有化される2年前の1904年（明治37年）1月に始まった大規模な改良工事だ。

1885年（明治18年）に新宿駅が誕生したとき、木造の駅舎は現在のJR新宿駅東口付近、ルミネエストの建っているあたりにつくられた。甲武鉄道が開業すると、甲武鉄道のホームが日本鉄道の西側に並行してつくられたのだが、その後、甲武鉄道は飯田橋方面に延伸し、旅客列車の電車化（貨物列車は従来どおり蒸気機関車牽引）と複線化を計画。一方の日本鉄道も複線化を計画していたので、新宿駅は線路もホームも不足することが明らかとなった。そこで、新たな駅舎の建設、駅構内拡大とホームや留置線の増設、電車用車庫の建設などの工事が急務となったわけだ。

開業して20年近くが経つと、新宿駅周辺の環境もまた大きく変わっていた。駅ができた当初は周囲に何もないがらんとした土地だったが、まず現在の東口側に薪炭問屋や倉庫が建てられ、かつての内藤新宿の盛り場に向かって、徐々に商店街が形成されていった。

現在の西口側も整備されていく。新宿駅の西側には美濃高須藩松平家の広大な下屋敷跡地などが広がっていて、明治維新以降は住む人もなく荒れ地となっていったが、そこに多くの施設、工場、学校が建設されたのだ。以下、新宿駅西側に新たにつくられた主な施設、工場、学校を列挙しておく。

・1889年（明治22年）女子独立学校（後の精華学園女子高等学校・中学校、現東海大学付属市原望洋高等学校）が開校。
・1898年（明治31年）淀橋浄水場が完成（詳細は第1章47、56ページ参照）。
・1902年（明治35年）六櫻社（後の小西六写真工業、コニカ、現在のコニカミノルタ）が同じく淀橋に写真乾板、印画紙を製造する工場を建設。
・1910年（明治43年）銀座にあった東京地方煙草専売局の工場が松平家下屋敷跡地に移転。
・1916年（大正5年）日本中学校（現、日本学園中学校・高等学校）が新築移転。
・1918年（大正7年）東京女子大学が開学。

・1928年（昭和3年）工手学校（現、工学院大学）が淀橋町角筈に新校舎完成、工学院と改称。

新宿駅をめぐるこうした状況の変化を受けて、駅構内の改良工事は意外な展開を見せる。まず、それまで駅舎があった現在の東口付近に貨物専用のホームが設けられ、新たな駅舎が甲州街道に面した現在の南口付近に建設された。そして甲州街道を横切っていた踏切は廃止となり、線路をまたぐ跨線橋となった。駅舎と列車用ホームも跨線橋で結ばれ、東側ホームが日本鉄道（後の山手線）用、西側ホームが甲武鉄道（後の中央線）用となった。

ただし、甲武鉄道は電車（旅客用）と蒸気機関車牽引列車（貨物用）を併用することがわかっていたので、ホームも別にすることになった。そこでまず、駅の最も西側に旅客用の短いホームがつくられ、そこから200mほど北側にもうひとつの旅客用ホームがつくられたわけだ。

なぜ、2つのホームがつくられたのかといえば、それぞれ別の改札口とつながっていたからだ。西側のホームは「甲州口」とつながっていたので「甲州口ホーム」、北側のホームは「青梅口」とつながっていたので「青梅口ホーム」と呼ばれた。以前までの新宿駅利

1905年ころの新宿駅付近

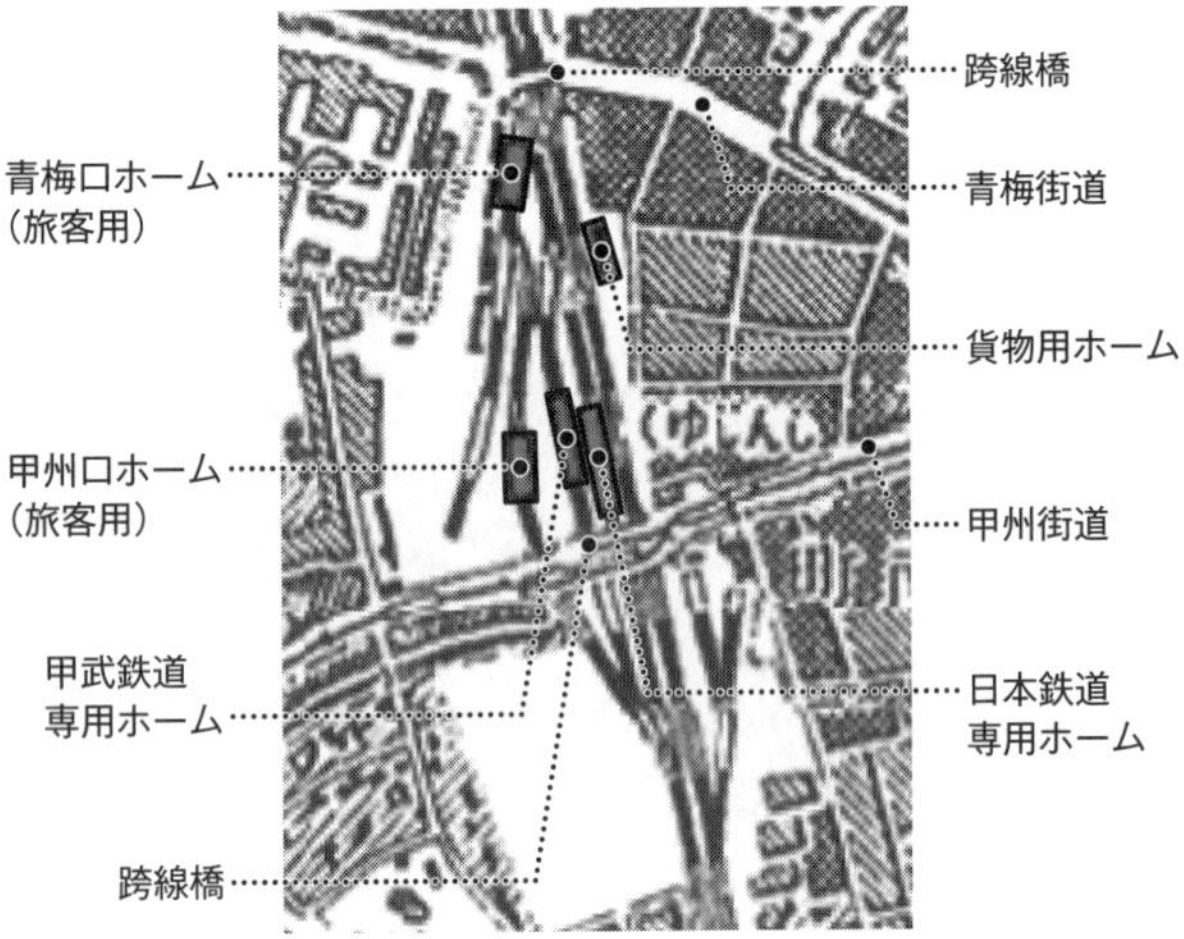

「今昔マップ」に加筆

用客は「甲州口」を使うことが想定されたが、西口に新たに建設された工場や学校に通う人は、甲州口を使うとかなりの遠回りになる。そこで、新たに新宿駅を利用し始める人々のために「青梅口」を新設し、こちらの改札を利用してもらおうと考えたわけだ。

　その結果、甲武鉄道は同じひとつの「新宿駅」において、甲州口付近で一度停まってから再び２００ｍほど走って青梅口付近で二度目の停車をする（または、最初に青梅口付近で停まってから甲州口付近でも停まる）という、変則的な運転を行うことになった。

　この変則運転は、２つのホームが合体し

て一本化される1924年（大正13年）まで続けられることになる。

京王と西武が路面電車で新宿に進出

新宿駅はもともと私鉄2社でスタートしたものの、1906年の鉄道国有法により2路線とも国有化された。なお、日本鉄道品川線が「山手線」と名称変更したのは1901年。甲武鉄道は国有化された時点で、「中央本線」の一部となった。

その後、新たな私鉄として新宿地区に進出してきたのが京王電気軌道（現、京王電鉄）だ。会社設立は1910年（明治43年）で、1913年（大正2年）には笹塚－調布間で路面電車の運転を開始。その後、線路（併用軌道）は甲州街道上を延伸し、1915年（大正4年）には現在の新宿三丁目（伊勢丹新宿店の筋向かい）に「新宿追分」駅を開業する。意外なことに、京王線の〝新宿駅〟は当初、山手線、中央線の線路を渡った東口にあったのだ。ただし、車両は長さ8mの短いもので、線路の軌道も東京市電（後の都電）と同じ1372㎜であり、初めから東京市電への相互乗り入れを考えていたようだ（結局、実現しなかった）。

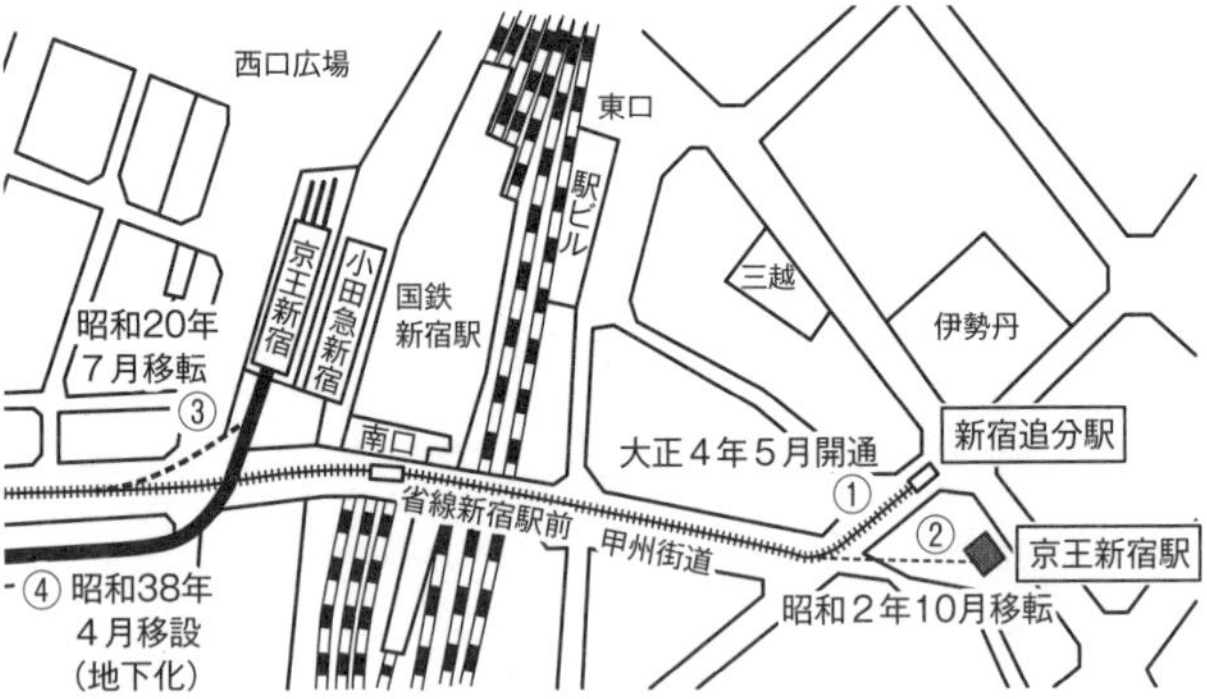

戦前まで京王新宿駅は新宿東口にあった

京王の新宿追分駅は、１９２７年（昭和２年）、すぐ近くに完成した京王新宿ビル１階に駅舎を移し、１９３０年（昭和５年）には駅名を「四谷新宿」と改名し、さらに１９３７年（昭和12年）には「京王新宿」と再改名している。京王の新宿駅が現在の西口に移転するのは、第二次世界大戦下の１９４５年（昭和20年）。５月25日の空襲で使用していた天神橋変電所が破壊されて電力が供給されなくなったため、７月24日、陸軍工兵隊の力を借りて小田原急行電鉄の隣に急きょ移転したようだ。ともあれ、京王の新宿駅が戦前は東口にあり、駅名も変遷してきたことは今日あまり知られていない。

西武鉄道も１９２１年（大正10年）に新宿に進出してきた。ただし、こちらも当初は併用軌道を走る路面電車で、まず淀橋－荻窪間で運転開始。翌１９

22年（大正11年）に、青梅街道架道橋（大ガード）の手前まで路線を延長する。
一方、いわゆる路面電車として発展してきた東京電車鉄道（1900年〜）、東京市街鉄道（1903年〜）、東京電気鉄道（1904年〜）は、1911年（明治44年）に3社まとめて東京市に買収され、全路線は東京市電として運転されるようになった。1922年（大正11年）には追分から新宿駅前まで路線が延長され、新宿での乗り換えが可能になった。

新宿駅を発着する山手線、中央線も着々と電化が進んだ。先に電化が進んだのは中央線だったが、山手線もやがて追随する。というのも、山手線では国有化以降、駒込、五反田、鶯谷、新大久保と続々と新駅が誕生しており、駅間もきわめて短くなってきたからだ。駅間が短い路線の場合、加速、減速性能に優れた電車（蒸気機関車は加速するまで時間がかかる）を運用しなければ、単位時間あたりの輸送量が激減してしまう。

こうして、新宿駅は路面電車も含め、電車中心の駅となった。それに対して、東海道本線や東北本線など長距離列車が発着する東京駅、上野駅は、依然として蒸気機関車中心の駅であった。

そして1923年（大正12年）、関東大震災が発生する。

関東大震災が東京西部の私鉄沿線開発を促進

1923年（大正12年）9月1日に発生した関東大震災は、東京都（当時は東京府）に甚大な被害をもたらした。地盤の脆弱な東京東部のほうが被害は大きく、特に隅田川東側の地域が壊滅的な被害を受けた。新宿駅周辺も火災によって一部被害を出したが、東京東部に比べて被害は軽微で、都市機能もほとんど失われなかったといわれている。9月11日には中央線の運転を再開し、9月16日から山手線も復旧している。

関東大震災の影響は、新宿駅にとってはむしろプラスに働いたようだ。東京西部に広がる武蔵野台地の地盤の強靱さがあらためて証明されたことで、新宿以西で宅地開発が積極的に進められた。大きな被害を受けた浅草、両国、深川地区から東京西部に移り住む人も急増したという。新宿駅も利用者が増え、震災から2年後の1925年（大正14年）4月には、新宿駅で三代目となる新駅舎が東口に完成。鉄筋コンクリート造2階建ての強固な建物だった。そして同じ年の11月、上野－神田間の高架線が完成したことで、山手線でいよいよ環状運転が始まった。

新宿駅の利便性をさらに高めたのが、1927年（昭和2年）4月の、小田原急行電鉄

(現、小田急電鉄)小田原線の新宿－小田原間全線開業だ。2年後の1929年(昭和4年)4月には、相模大野－片瀬江ノ島間の小田原急行電鉄江ノ島線も開業する。

同じく1927年4月、西武鉄道村山線も高田馬場－東村山間で全区間複線電化で開業する。それまでに開業していた東村山－川越間も併せて電化が実現され、川越－高田馬場間約45㎞が電化路線となった。西武鉄道村山線は第二次世界大戦後、西武新宿まで延伸するが、そのための布石がこの時点で打たれていたことになる。

このように新宿以西で新たな私鉄路線が開業したことは、その後の新宿駅の急速な発展を約束するものでもあった。なぜなら、それぞれの私鉄がそれぞれの沿線を開発し、新たな住宅地やレジャー施設、大学などの教育施設が次々に誕生していったからだ。

たとえば京王電軌(後の京王電鉄)沿線では、北沢(後の上北沢)、金子(後のつつじヶ丘)、調布、府中などで宅地開発が進んだ。烏山(後の千歳烏山)周辺には関東大震災で罹災した浅草、築地の寺院が移転し、26の寺院が集まる烏山寺町を形成。東京府立松沢病院、烏山病院(現、昭和大学附属烏山病院)などが移転、設立され、二階堂体操塾(現、日本女子体育大学附属二階堂高校)や明治大学予科も沿線に移転。京王閣などのレジャー施設、調布飛行場、日活多摩川撮影所もつくられた。

小田原急行電鉄（後の小田急電鉄）沿線では、成城学園で学園建設と宅地造成、下北沢、経堂、祖師ヶ谷大蔵、中央林間では宅地整備とともに商店街化が進み、成徳女子商業学校（現、下北沢成徳高等学校）、鷗友学園、玉川学園などの学校も設立され、遊園地の向ヶ丘遊園も開園。1931年には砧に写真科学研究所が設立され、6年後には東宝映画東京撮影所となった。

西武鉄道村山線（後の西武新宿線）の沿線では、西武鉄道創業者である堤康次郎の強力なリーダーシップのもと、宅地としての目白文化村、小平学園都市、国立学園都市などの開発が進み、東京商科大学（現、一橋大学）の誘致にも成功している。また、落合、野方、井荻などでも、宅地と商店街の開発が進んだ。

こうして新宿駅は、今日の京王線沿線、小田急線沿線、西武新宿線沿線のそれぞれの街を後背地として持つことになり、新宿駅利用者の爆発的な増加が現実のものになっていく。また、昭和初期のこのころから、東京郊外の自宅に住んで都心部のオフィスに電車通勤するという、会社員としてのライフスタイルが東京圏で定着していくことになる。

昭和の初めまでに今も残る〝老舗〟がオープン

新宿駅が山手線、中央線、東京市電、京王線、小田急線、西武線のターミナル駅として発展していくとともに、新宿駅周辺の街並みもまた発展していった。ここで、新宿駅開業当初までさかのぼって、その後の街の変遷を確認しておきたい。

日本鉄道の内藤新宿駅（後の新宿駅）が誕生した当初、旅客輸送より貨物輸送のほうが盛んであり、新宿駅で取り扱われていた主な貨物は薪炭だった。そのため、駅周辺には当初、薪炭や石炭を扱う問屋や倉庫が立ち並ぶようになる。

このころ、駅近くに1軒の少し変わった店が建った。髙野吉太郎（初代）が繭《まゆ》の仲買いと古道具販売を営む店舗だった。この店が変わっていたのは、さらに副業で果実販売も行っていたこと。しかし、いつの間にか果実販売のほうがメインになり、新宿駅前が賑わい始めた1900年（明治33年）ごろには、果実販売が専業になった。読者諸兄がご推察のとおり、これが今日の新宿髙野、タカノフルーツパーラーである。

この店を一躍有名にしたのは、1919年（大正8年）に高級ギフト用フルーツとして売り出したマスクメロンだ。実はこのマスクメロンも新宿育ち。というのも、このメロンの品種改良を行ったのが、現在の新宿御苑にあった勧業寮試験場（別の資料では内藤新宿試験場、または勧農局試験場）だったからだ（第1章42ページ参照）。

高野と農事試験場の間で何らかの交流があったようで、高野はマスクメロン以外にもバナナやマンゴーなどの珍しい輸入フルーツを扱っていた。1937年（昭和12年）には、地上3階、地下1階の鉄筋コンクリートづくりの店舗ビルを完成させ、大きな話題になったという。

新宿高野を紹介したからには、新宿中村屋を紹介しないわけにはいかないだろう。

長野県出身の相馬愛蔵が愛妻の良と上京し、東京・本郷にパン屋中村屋を創業したのは1901年（明治34年）。クリームパンやクリームワッフルを考案し、新宿高野の隣に店舗を移転させたのは1909年（明治42年）だった。

相馬夫妻は以前から芸術家やジャーナリストたちと親交があったため、新宿中村屋には多くの文化人が集まるようになったという。当時、頻繁に店を訪れていたのが画家の荻原碌山、歌人の會津八一、キリスト教思想家の内村鑑三、小説家の国木田独歩、詩人・彫刻家の高村光太郎など。ロシアの盲目の詩人ワシリー・エロシェンコ、インド独立運動の志士ラス・ビハリ・ボースとは特に関係が深く、エロシェンコからはボルシチ、ボースから

2017年、紀伊國屋ビルディングは歴史的な価値を有する建造物として「東京都選定歴史的建造物」に選定された。現在の建物はル・コルビュジエに師事した前川國男の設計によるもので、1964年(昭和39年)3月の竣工。

は本場インドカリーのレシピを伝授されたという。その後、どちらも新宿中村屋の看板メニューになった。

新宿中村屋の斜め向かいにある紀伊國屋書店は1927年(昭和2年)の創業。小田原急行電鉄小田原線の営業開始と同じ年だ。創業者は本章冒頭でも紹介した田辺茂一氏。もともとの家業は紀州の備長炭を扱う薪炭問屋だったが、幼いころ書店で見た洋書に憧れ、いつか書店を経営したいと考えたという。

小説家・舟橋聖一らと同人誌を創刊するなど田辺氏自身にも文学的素養があり、数多くの著作を刊行した。

また紀伊國屋ホール、紀伊國屋演劇賞を創設するなど、演劇文化の普及にも努めた。当時の紀伊國屋書店には井伏鱒二らも訪れ、文芸サロンのような趣もあったようだ。

当時の紀伊國屋書店は日本で最も有名な大型書店であり、新宿文化の中枢を担う存在だったといえる。

昭和初期の巨大集客システムだった百貨店と映画館

明治時代末期から昭和の初めにかけて、新宿駅東口にはこれらの有名店が軒を連ねるようになり、街は盛り場として栄えていく。こうした流れをさらに強力に後押ししたのが、駅周辺に続々オープンした百貨店と映画館だ。

まず1923年（大正12年）、関東大震災の翌月に追分交番角にオープンしたのが「三越マーケット」だ。百貨店ではなく、あくまでも簡便なつくりのマーケットだったが、日本橋に本店を置く三越が新宿に進出するきっかけとなった。

三越は1925年（大正14年）に新宿東口駅前に三越分店を開業。なお、この三越分店は1930年（昭和5年）に食品デパート「二幸」となる。二幸とは、海の幸、山の幸のことだ（この二幸はその49年後、新宿アルタになる）。

１９２６年（大正15年）、新宿三丁目にオープンしたのが百貨店「ほてい屋」だ。地上6階、地下1階建ての本格的な百貨店だった。

１９２７年（昭和2年）、京王電軌の新宿追分駅が京王新宿ビルディング1階に移転した話は先ほど紹介したが、そのビルに翌年（１９２８年）オープンしたのが新宿松屋デパートだ。やや変則的ではあるが、この松屋デパートは日本で初めて駅ビルに開業した百貨店ということになる。

三越分店が二幸に改装された１９３０年、三越は新宿通りに「三越新宿店」を正式にオープンする。地上8階、地下3階の鉄筋コンクリートづくりで、その当時は日本一のビルともいわれた。

そして、神田の呉服屋として創業した「伊勢丹」が新宿に進出したのは１９３３年（昭和8年）のことだ。なんと大胆にも「ほてい屋」に隣接する形で建設された。その当時、ほてい屋は業績が悪化していたため、伊勢丹はほてい屋を吸収合併しようと考えていたようだ。事実、１９３５年（昭和10年）6月にほてい屋は廃業し、伊勢丹に文字どおり飲み込まれた。現在の「伊勢丹新宿店」の正面から右奥にかけては、当時のほてい屋の建物をそのまま利用している。外観はゴシック様式を取り入れたアールデコ調で統一されており、航空写真で見てもひとつの建物のように見えるので、このことはあまり知られていない。

関東大震災後の１９２３年から10年間は、新宿駅東口に４軒もの百貨店が並んでいたことになる。当時、ここまで百貨店が集中していた街は日本中どこにもない。この時点で、新宿は銀座や浅草を超えて、日本一のショッピング街となっていたといえよう。

ちなみに２０２１年３月現在、新宿駅周辺には伊勢丹新宿店（１９３３年開業）、小田急百貨店新宿店（１９６２年開業）、京王百貨店新宿店（１９６４年開業）、タカシマヤタイムズスクエア髙島屋新宿店（１９９６年開業）と、やはり４軒の百貨店を数える。21世紀を迎え、百貨店という業態そのものが急激に衰退してきているが、現在の人の流れを見る限り、新宿駅周辺の百貨店はまだまだ安泰のようだ。ちなみに、三越新宿店は２０１２年に「ビックロ」に生まれ変わった。

百貨店と並んで、新宿に人を呼び込むもうひとつの集客システムが映画館だ。新宿駅周辺には、１９３８年（昭和13年）の時点で12館もの映画館が営業していた。

この中でも特筆すべきは、21世紀の今日も現存する「武蔵野館」だろう。開館は１９２

上空から見た新宿伊勢丹（航空写真）

国土地理院「電子国土Web」を加筆

戦前新宿にあった12の映画館

新宿松竹館	1924年（大正13年）開館・邦画・724席
新宿第一劇場	1929年（昭和4年）開館・邦画・1048席
新宿劇場	1929年（昭和4年）開館・邦画・465席
帝都座	1931年（昭和6年）開館・邦画・1299席
新宿帝国館	1931年（昭和6年）開館・邦画・465席
新宿大東京	1935年（昭和10年）開館・邦画・1151席
武蔵野館	1920年（大正9年）開館・洋画・1145席
昭和館	1932年（昭和7年）開館・洋画・420席
朝日ニュース劇場	1937年（昭和12年）開館・ニュース画・352席
新宿映画劇場	1937年（昭和12年）開館・ニュース画・706席
光音座	1937年（昭和12年）開館・ニュース画・368席
新宿太陽座	1938年（昭和13年）開館・ニュース画・170席

0年（大正9年）。1928年（昭和3年）に現在地に移転し、音響効果に優れた円形天井を備え、座席数1145を誇る都内有数の大規模洋画ロードショー館だった。1929年（昭和4年）には、日本の常設映画館では初めてトーキー映画を上映したことでも知られ、当時は丸の内「帝国劇場」、浅草「大勝館」と肩を並べる存在だった。

一方、娯楽の殿堂として一世を風靡したのが「帝都座」だ。日活のロードショー館だったが、5階にダンスホールを備え、地下には当時まだ珍しかったフレンチレストランが入っており、今風にいえば「複合アミューズメント施設」のはしりだった。戦時中、ダンスホールが閉鎖されていた時期には、吉本興業の演芸場になっていた。この帝都座は1972年（昭和47年）に閉館し、跡地には新宿マルイ本館が建っている。

その他、1924年（大正13年）には、後に厚生年金会館となる場所に「新宿園」という遊園地（劇場＋映画館＋演舞場）が、1931年（昭和6年）には現在の新宿駅東南口付近に大衆劇場ムーラン・ルージュ新宿座が、1932年（昭和7年）には落語定席として新宿末廣亭がオープンしている。

ちなみに2021年4月現在、新宿駅周辺には新宿武蔵野館をはじめ新宿ピカデリー、TOHOシネマズ新宿など9つの映画館が営業している。

新宿駅が巨大ターミナルに成長できた5つの要因

ここに東京府の統計資料がある。それによれば、1927年（昭和2年）の新宿駅の乗降客数は1日あたり5万7338人。当時鉄道省が管轄していた山手線、中央線の2路線だけでこの数字だ。同年の東京駅の乗降客数は1日あたり5万5707人、上野駅は3万7920人、池袋駅は武蔵野鉄道（現、西武池袋線）と東武鉄道をも合わせて3万472

7人、渋谷駅は東京横浜電鉄（現、東横線）を合わせて3万3184人、新橋駅は3万62人。昭和2年の時点で、新宿駅はすでに乗降客数日本一を達成しているのだ。

この第2章では、1885年（明治18年）の新宿駅開業から第二次世界大戦直前の1938（昭和13年）まで、駆け足で概観してきた。ここまで見ただけでも、新宿駅がなぜ世界一の巨大ターミナル駅に成長できたのか、答えが何となく見えてきたのではないか。

まず第一の要因は、この新宿駅が期せずして「山手線と中央線の乗り換え駅になった」ことだ。新宿駅の出自となる日本鉄道品川線はそもそも生糸、絹織物を北関東から横浜方面まで運ぶための路線であり、必ずしも新宿を経由しなければならない理由はなかった。だが、高崎から上野までつないだ線路をそのまま人口密集地の神田、日本橋まで南下させることができず、人口の少ない東京西部に迂回させたおかげで新宿駅が誕生する。

当時、内藤新宿は東京市外の人家もまばらな土地柄で、鉄道駅をつくる空き地は十分にあった。後に駅前に繁華街を形成するだけの余地もあったということだ。また、線路をぐるりと迂回させたことが、この路線が後に首都圏の大動脈となる環状線、山手線に化ける布石ともなっていたようだ。

そうやってできた新宿駅に、今度は東京西部の八王子、立川方面から甲武鉄道の線路が延伸する。このルートで線路が敷かれたのは、甲武鉄道の母体がそもそも玉川上水の舟運業者だったからだ。そして、鉄道黎明期のごく早い時点で東西方向に延伸した甲武鉄道は、やがて首都圏のもう一本の大動脈である中央線へと進化する。「山手線と中央線の乗り換え駅」となった時点で、新宿駅の繁栄はもう約束されたも同然だった。

新宿駅が巨大ターミナルへと進化する第二の要因は、第一の要因のところにも出てきた、「玉川上水の水路沿いにあったから」だ。だからこそ甲武鉄道が新宿を通り、新宿駅西側に淀橋浄水場がつくられることになった。この淀橋浄水場は、完成からおよそ70年後の1970年代半ばに、西新宿高層ビル街を形成するための予備地となった。

第三の要因は、内藤新宿がそもそも「甲州街道と青梅街道の交わる交通の要衝だった」ことだ。新宿駅そのものの位置は、かつての内藤新宿の宿場町から離れていたものの、新宿追分は甲州街道と青梅街道の重要な分岐点であり、それぞれの街道沿いに、すでに複数の街が存在していた。甲州街道は江戸時代の五街道のひとつであり、青梅街道（古くは成木街道）は江戸城の白壁用に多摩地方産出の石灰石を運ぶための脇街道であった。

そして、甲州街道沿い、青梅街道沿いに点在していた街々は、やがて新宿駅に利用客を送り込むためのベッドタウンとなったわけだ。また、新宿駅近くまで延びていた甲州街道と青梅街道は、路面電車である東京市電や京王電軌（現、京王電鉄）が併用軌道を敷くためのルートにもなった。

第四の要因は、新宿駅がかなり早い時点で「電車駅となった」ことだ。大正時代の終わりごろまでには、新宿駅は山手線、中央線、東京市電、京王電軌、西武鉄道軌道線など、電車ばかりが走る駅となった。電車は、駅間の短い都市型鉄道に必要不可欠である。

その時点で東京駅や上野駅はまだ蒸気機関車中心だったから、新宿駅は変電所などの送電設備を含め、後の電車時代に対応するインフラをいち早く整備していたことになる。

第五の要因は、「関東大震災が発生した」ことだ。震災により、東京東部は壊滅的な被害を受けたが、武蔵野台地が広がる東京西部はあまり被害を受けなかった。そのため、震災後は主に東京西部で宅地開発が進むことになり、東京西部郊外に延びていく小田急、京王、西武新宿線沿線が、新宿に人を供給する巨大な後背地となっていく。

そして、非常に残念なことなのだが、「東京都心部が被災して東京西部が栄える」という図式は、第二次世界大戦終戦の年の東京大空襲でも繰り返されることになる。

第3章

新宿駅が大変身！「新宿グランドターミナル」構想

まとまりの悪い巨大都市・新宿

前章までで、新宿駅がなぜ日本一の巨大ターミナル駅にまで成長したのかを概観した。中央線と山手線の乗り換え駅であること、東京西部を後背地に持つ複数の私鉄が乗り入れたことから、新宿駅は１９２７年（昭和2年）の時点ですでに乗降客数日本一の駅だったことはおわかりいただけたと思う。

ただし、第二次世界大戦が終わってしばらくの間、新宿駅は「乗降客数日本一」の座を他の駅に明け渡していた。「東京都統計年鑑」によれば、１９５３年（昭和28年）から１９６４年（昭和39年）まで、当時の国鉄では東京駅が乗降客数第1位だった（新宿駅はその間、2位または3位）。その後、１９６５年（昭和40年）の1年間だけ池袋駅が首位に立ち、新宿駅が再び1位に返り咲いたのは１９６６年（昭和41年）だ。それ以降、直近のデータがある２０１８年まで、新宿駅は1日平均約３６０万人と、2位の池袋駅におよそ１００万人の差をつけ、不動の1位を守り続けている。

ちなみに、この約３６０万人という数字は、あくまでも鉄道11路線（ＪＲ中央線快速、ＪＲ中央線緩行、ＪＲ埼京線、ＪＲ湘南新宿ライン、ＪＲ山手線、小田急小田原線、京王

新宿駅の11路線とバスターミナル

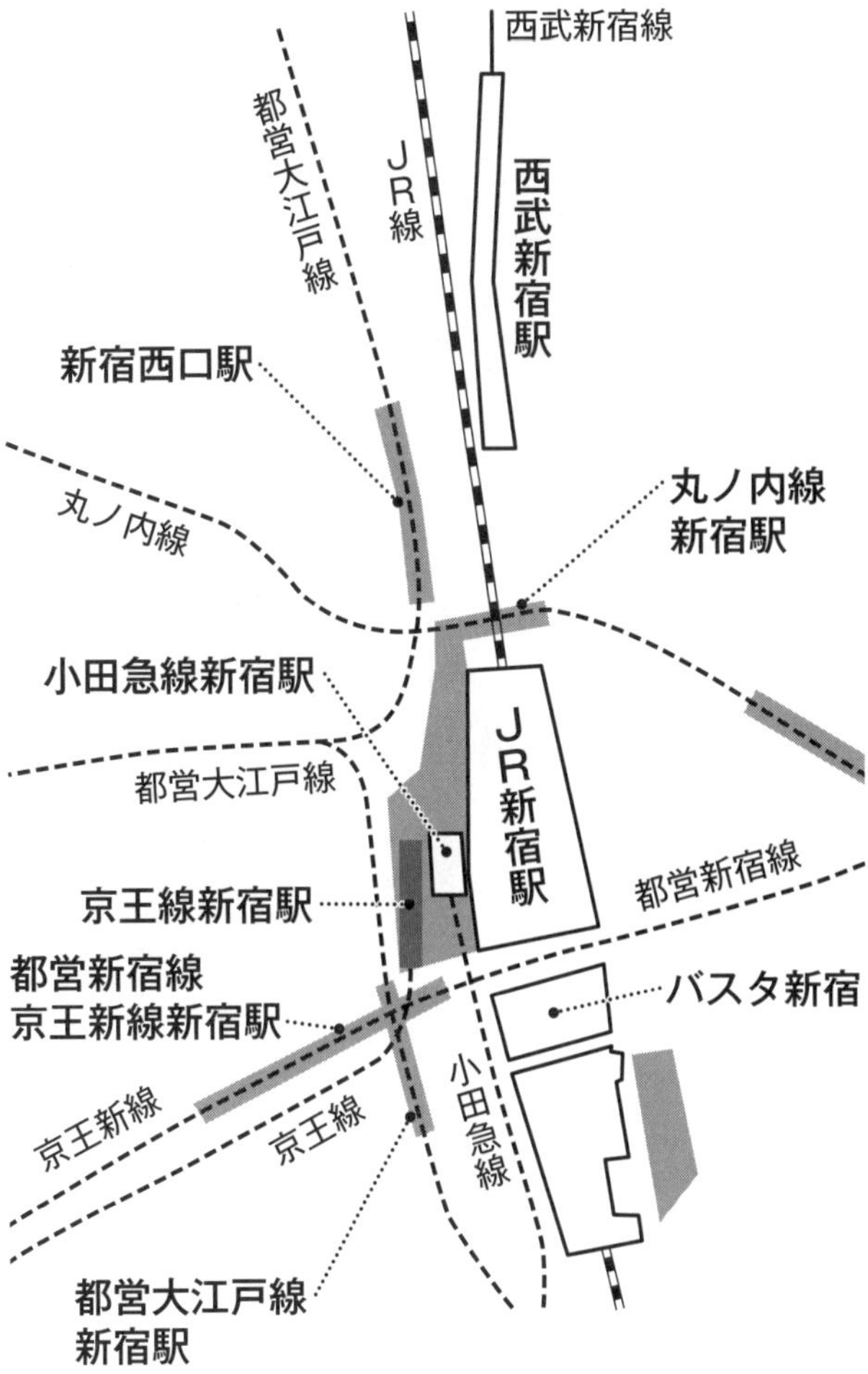

線、京王新線、東京メトロ丸ノ内線、都営地下鉄新宿線、都営地下鉄大江戸線）の乗降客のみを合計したものだ。

だが新宿駅には、多くのバス利用者も集まってくる。新宿駅西口バスターミナルには都営バス8路線、京王バス4路線、関東バス5路線が乗り入れている。2016年（平成28年）4月、鳴り物入りで新宿駅南口にオープンしたバスタ新宿には、高速バスが1日最大1625便も発着する。このバスタ新宿の利用者数だけで1日約4万人といわれており、鉄道と合わせれば1日364万人以上ということになる。

都道府県人口10位の静岡県の県民人口に匹敵するこれだけの人数が、わずか1日の間に、新宿駅の半径約300m圏内で離合集散を繰り返しているわけだ。別の言い方をすると、新宿駅に1日に集まる人の数は，日本の多くの県（人口11位の茨城県から47位の鳥取県まで）の県民人口よりはるかに多いことになる。これほどの数の人間がこれほど高密度に行き交う空間は、世界でももちろん、ここ新宿駅だけである。

これはとんでもない事実だが、実際に新宿駅を利用している約360万の人々が「新宿駅はスゴい！」と日々実感できているかといえば、おそらくそうではないだろう。私もときどき新宿駅を利用していて、いつも人が多いとは感じているものの、新宿駅に対するイメージは何となく曖昧模糊としている。世界一の人口集積を誇る鉄道駅としてのスケールメリットを、どうにもいかし切れていない印象なのだ。

それはいったいなぜだろうか。

新宿が〝世界最大のターミナル駅〟のポテンシャルをいかし切れていない最大の理由は、第1章で述べたとおり、新宿という街をトータルで開発しようというデベロッパーがこれまで現れなかったことだ。その結果、新宿駅周辺のステークホルダーがそれぞれ勝手に街の開発を始めてしまい、どうにもまとまりの悪い巨大都市ができあがったのである。

新宿駅開発史のおさらい〈東口編〉

ここで、先ほどの第2章の補足も兼ねて、新宿駅周辺が戦後からどう発展してきたかを簡単に振り返っておこう。

明治時代の中ごろ、内藤新宿（新宿追分）の宿場町から離れた青梅街道に近い場所に新宿駅が開業すると、まず駅の近く（東口周辺）に薪炭業者が問屋や倉庫を開いた。現在の紀伊國屋書店は、新宿に最も早く進出した薪炭問屋がルーツだ。新宿髙野、新宿中村屋といった有名店も1923年（大正3年）の関東大震災前に進出した老舗組である。

関東大震災後の復興に合わせて、東口から新宿追分（新宿三丁目交差点）にかけて進出したのが、百貨店の三越、二幸（以前の新宿アルタ。現在は新宿ダイビル）、伊勢丹だ。同じタイミングで、駅から百貨店に向かう新宿通りとその周辺に多くの映画館やカフェが出店し、新宿駅東口に繁華街が出現する。

第二次世界大戦終結後、いち早く復興に動き出したのが現在の歌舞伎町商店街に当たる「角筈商店街」だ。当初は歌舞伎劇場の建設を目玉に町名も歌舞伎町に一新し、一大アミューズメント街を形成する計画だった。結局、第二の歌舞伎座は計画倒れに終わったが、娯楽を中心とした街づくりという構想はそのまま継続され、今日では日本有数の〝アヤシイ歓楽街〟となっている。

戦後の闇市の中で最も早く開設されたのが、東口新宿通り沿いの新宿マーケットだ。闇市はやがてGHQの命令によって解体させられたが、一部はそのまま移設されて現在のゴールデン街となった。一方、江戸時代の内藤新宿にあった岡場所の一部は戦前戦中も飲食業などでしぶとく商売を続けており、戦後は新宿二丁目ゲイタウンへと発展していく。

なお、新宿ゴールデン街、新宿二丁目ともに、戦後のある時期まで街の一部が赤線・青線地帯として機能していたようだ。

新宿駅西口の百貨店はどのように誕生したのか

一方、新宿西口は開発が大きく遅れていた。江戸時代まで、この一帯は人影まばらな農村だったようだ。明治維新以降、現在の新宿駅西口周辺で最初に開発されたのは、1893年（明治26年）起工、1898年（明治31年）に完成した淀橋浄水場だ。総面積約34ヘクタール、東京ドーム7・3個分という広大な敷地に3つの沈殿池、24の濾過池を備え、東京府民の日々の生活用水をまかなう巨大施設であった。

1910年（明治43年）、新宿駅の西側に接するように（現在のハルク付近）専売局の煙草工場が建設されてから、新宿駅の西側にも少しずつ人の流れが生まれてくる。1912年（明治45年）には、浄水場の南側に東京ガス（1885年［明治18年］創立）の巨大なガスタンクが建設され、タンクが取り壊される1990年（平成2年）まで、このあたりのランドマークとして記憶されることになる。

新宿駅西口の景色がさらに変わったのは、1915年（大正2年）に京王電気軌道（現、京王電鉄）の路面電車が笹塚から新宿まで延伸してからだ。路面電車の軌道は甲州街道上に設置されていて、電車は甲州街道跨線橋で国鉄の線路をまたいで東口側に渡り、新宿追分（現、新宿三丁目）を始発・終着駅とした。なお、「京王」という名の由来は、東京と八王子を結ぶという構想が当初からあったから、ということのようだ。

小田原急行（現、小田急電鉄）が開業して、さらに新宿西口の風景は変わる。小田原急行小田原線が開業したのは１９２７年（昭和２年）４月。新宿－小田原間約80㎞38駅が一気に開通し、しかも小田急は最初から専用の線路を持つ電車で、国有鉄道新宿駅の西側に乗り入れ、新宿駅の通し番号で９～12番線が小田急になった。

第２章でも簡単に紹介したが、京王の路面電車の駅が新宿駅西口の小田急の隣に移動したのは１９４５年（昭和20年）５月のこと。アメリカ軍の空襲で使用していた変電所が破壊されてしまい、電力不足で路面電車の動力が落ち、甲州街道跨線橋の坂を上れなくなったことが原因だ。そのため、跨線橋の手前で線路を切り、新宿三丁目付近にあった京王新宿駅を閉鎖して、現在の「新宿」駅に落ち着いた。

こうして新宿駅西口に乗り入れることになった京王と小田急は、第二次世界大戦終結後、西口駅前の街並みを変えていく。

1964年（昭和39年）の新宿駅西口広場。右が建設中の京王百貨店。小田急百貨店の本館はまだなかったため、東口まで見通すことができた。

新宿歴史博物館

１９６０年（昭和35年）は、東京都が「新宿副都心計画」を発表した年だった。わが国の経済成長は破竹の勢いで伸び続けていたため、西口駅前の一等地を占拠していた淀橋浄水場を閉鎖して「副都心」といえる街をつくり、そこに都心のオフィス機能を一部移転させようと考えたわけだ。

この計画を受けて、小田急はビジネスの多角化を加速させる。その第一弾が１９６１年（昭和36年）の株式会社小田急百貨店の設立と、翌１９６２年（昭和37年）11月の小田急百貨店開業である。記念すべき小田急百貨店１号店は地上8階、地下3階建ての建物だ。２年後の１９６４年（昭和39年）２月には小田急線の新宿駅第一次改良工事が終了し、地上3線、地下2線の上下二層駅が完成。その後1966年（昭和41年）にはメトロ食堂街、小田急百貨店新館（現在の本館の北側部分）を開業し、翌年11月には現在の小田急百貨店本店（新館＋小田急新宿駅ビル）地上14階、地下3階建てがオープン。

それまでの小田急百貨店は小田急ハルクと改称され、当初はハルク（HAppy Living Center）の名称どおりリビング用品専門店となった。ちなみに、小田急百貨店本店をデザインしたのは、新宿西口広場の設計者と同じ坂倉準三だ。

今後は乗客獲得競争が激しくなる

一方の京王電鉄（当時は京王帝都電鉄）も、東京都の副都心計画発表を受けて動き出す。1961年（昭和36年）に株式会社京王百貨店を設立。1964年（昭和39年）11月に、現在の京王百貨店をオープンする。なお、京王には百貨店運営のノウハウがなかったため、高島屋と業務提携契約を結び、従業員教育などのサポートを受けたという。

本業の鉄道事業でも新たな動きを見せる。京王の電車は長らく甲州街道上の軌道を走行していたが、戦後になって自動車の交通量が増大すると、併用軌道を走る電車はしばしば自動車交通の妨げになっていた。

そこで1961年（昭和36年）、現在のルミネから文化服装学院までの線路の地下鉄化工事を開始。1963年（昭和38年）には路線の地下鉄化と地下駅が完成し、4月に地下駅をオープン。同年5月には全車両が全長18mの大型車両に置き換わり、路面電車から都市鉄道へと完全に移行する。翌1964年（昭和39年）には、初台の西まで地下鉄区間が延長された。

1966年（昭和41年）には、将来的に都営地下鉄新宿線と相互乗り入れすることを前提に、笹塚－新宿間の複々線化工事がスタート。笹塚駅は高架駅だが、東隣の幡ヶ谷駅手前から地下に入る路線となる。この新たな路線は京王新線と呼ばれ、新たに新線新宿駅もつくられた。京王新線は1978年（昭和53年）10月に開業。これに伴い、従来の京王線は笹塚－新宿がノンストップとなる。

1980年（昭和55年）3月に都営地下鉄新宿線が開業すると、京王新線との相互乗り入れが始まった。ちなみに、新線新宿駅をわざわざつくった理由は、既存の京王線新宿駅から新たな線路を敷くことが不可能だったからだ。京王線新宿駅の南側には東京都の駐車場があり、東京都が駐車場を手放そうとしなかったため、京王側はやむなく甲州街道直下に新駅をつくるしかなかったといわれている。

以上見てきたように、新宿駅西口に小田急百貨店と京王百貨店が相次いでオープンしたのは、東京都の「新宿副都心計画」が大きく関係している。この東京都の計画により淀橋浄水場が廃止され、新宿中央公園と西新宿超高層ビル群が誕生し、1991年に現在の東京都庁が完成したのは第1章で見てきたとおりだ。

ここで、小田急と京王の最新の鉄道運行事情もチェックしておこう。

2019年に国土交通省が発表した三大都市圏におけるラッシュ時の電車の平均混雑率を見ると、東京圏163%、大阪圏126%、名古屋圏132%と、依然として東京圏の混雑ぶりが目立つ。路線別に見ると、東京メトロ東西線199%、JR横須賀線195%、JR総武線緩行194%、JR東海道線193%、JR中央線快速186%というのがワースト5だ。新宿に関係する私鉄を見ると、京王線167%、西武新宿線164%、都営新宿線159%、丸ノ内線159%、小田急小田原線158%となる。

注目したいのは小田急小田原線だ。小田急は2018年3月、長年の夢だった代々木上原−登戸間の複々線化をついに実現した。その結果、ピーク1時間あたりの電車本数を27本から36本に増やすことができ、190%近くあった混雑率を150%台にまで下げることができた。最短所要時間も町田－新宿間で最大12分、小田急多摩センター－新宿間で最大14分短縮できたという。

以前は、少子高齢化で各鉄道会社の利用客は減少していくものと予測されていた。しかし、都市部に人口が集中する流れはあまり変わっておらず、また鉄道会社による乗客の獲得競争という様相を呈してきている。複々線化に舵を切った小田急と、複々線化を見送った京王。このことが今後どのように影響してくるか、注意深く観察していきたい。

新宿駅から400メートルも離れている西武新宿駅の謎

新宿に乗り入れる私鉄として西武鉄道を忘れることはできないが、なぜかこの駅は新宿駅から約400メートルも離れた位置にある。「西武新宿駅は、なぜJR新宿駅と接続しなかったのか？」という疑問が生じるのも当然のことだ。

現在の西武新宿線の沿革は複雑である。というのも、西武鉄道という鉄道会社自体が、武蔵野鉄道、武蔵鉄道、川越電気鉄道、西武電気軌道、武蔵水電など、いくつもの会社の買収や吸収合併のうえに成り立っているからだ。

西武新宿線の直接のルーツは、1892年（明治25年）に甲武鉄道の関連会社として設立された川越鉄道と見ることができる。川越鉄道は1894年（明治27年）、現在の西武国分寺線にあたる国分寺－久米川（現、東村山）を蒸気機関車＋客車で開業。翌年には久米川（現、東村山）－川越（現、本川越）まで延伸する。この川越鉄道は1920年（大正9年）、川越電気鉄道（川越鉄道とは別会社）を母体とする武蔵水電（水力発電所を持つ電気事業者）に吸収合併される。

一方、新宿に最初に進出したのは、第2章で解説したとおり、路面電車の西武電気軌道だ。西武電気軌道は1921年（大正10年）、淀橋－荻窪間で開業するが、その後武蔵水電に吸収合併され、西武鉄道に社名変更後、路面電車を淀橋－角筈まで延伸する。この角筈停留所の位置が、現在の西武新宿駅付近だった。

西武鉄道の路面電車は1926年（大正15年）には新宿駅前（現在のアルタ付近）まで延伸し、その後戦時下の1942年（昭和17年）、東京市電の路線に編入され、1951年（昭和26年）には正式に都電杉並線（新宿駅－荻窪北口）となる。都電杉並線はその後、営団地下鉄荻窪線（現、東京メトロ丸ノ内線）の開業にともない、1963年（昭和38年）に廃線となった。

東京都と新宿区による「新宿の拠点再整備方針」(2018年)では、西武新宿駅とJR新宿駅を直結する地下道の計画が「構想」(実現性等についてさらに検討が必要)として盛り込まれている。 ©2021 Google

こうして、新宿に進出した路面電車は都電に組み込まれていくが、武蔵水電に吸収合併された久米川(現、東村山)－川越(現、本川越)間の非電化鉄道は、武蔵水電の社名変更にともない西武鉄道となる。こちらの西武鉄道は1927年(昭和2年)に高田馬場まで延伸し、東村山－高田馬場間で電化と複線化を実現、西武村山線となる。東村山－川越間の西武川越線も電化し、高田馬場－川越(現、本川越)間で電車による直通運転を開始する。この時点で、現在の西武新宿線の骨格はほぼ完成した。

西武鉄道はその後、第二次世界大戦が終結したばかりの1945年(昭和20年)9月、それまで多摩・所沢方面で競合関係にあった武蔵野鉄道と合併して西武農業鉄道となるが、1946年(昭

1964年（昭和39年）の西武新宿駅前。　新宿歴史博物館

和21年）にはあらためて西武鉄道へと改称する。そして1952年（昭和27年）、西武鉄道は新宿方面へと線路を延ばし、今日の西武新宿駅が開業。西武村山線は西武新宿線へと名称変更された。

この時点で、西武鉄道は国鉄新宿駅との接続をもちろん考えていたようだ。鉄道はターミナル駅で他の路線と結節してこそ発展するからだ。そのため、かつて西武電気軌道が新宿駅東口まで延伸したように、同じく新宿駅東口への延伸を考えていたが、当時はまだ新宿駅東口一帯の区画整理が終わっていなかったため、とりあえず現在の西武新宿駅で仮営業という形でスタートしたという。

西武線に新宿駅まで延伸するチャンスが巡

オープン当時(1964年)の「新宿ステーションビル」(後にマイシティに改称。現在はルミネエスト新宿)。　新宿歴史博物館

ってきたのは1950年代後半。国鉄(当時)が戦後復興の一環として、構内に商業施設を設けた「民衆駅」を各地に建設しており、新宿駅もその対象に選ばれたのだ。そして1959年(昭和34年)、鉄道弘済会、伊勢丹、髙島屋、丸正(スーパーマーケット)、西武グループらの出資により、株式会社新宿ステーションビルディングが設立され、1964年(昭和39年)新宿ステーションビルがオープンする。後のマイシティ(1978年〜2006年)、現在のルミネエスト(2006年〜)である。

新宿ステーションビルの開業前日(1964年5月19日)の新聞広告には、「山手線、中央線、総武線、西武線、地下鉄、小田急、京王線…新宿ステーションビルは七つの線が集まる『虹のターミナル』」という文言が見える。つまりこの時点では、駅ビルがある新宿駅に西武線が乗り入れることが予定されていたわけだ。事実、駅ビル2階部分は西武線と直結することを想定して、きわめて強固な構造になっているという。

だが、西武新宿線にとって、「駅ができてから7年」という待ち時間は長すぎた。この間に西武新宿線沿線では宅地開発が急速に進み、利用者数も急激に伸びていたからだ。一方、駅ビル直結にすると、空きスペースの関係で6両1面2線分のホームしか確保できなかった。これでは日々の乗降客数、特に通勤ラッシュ時の乗降客数に対応できない。そこで西武線としては泣く泣く、新宿駅への乗り入れを断念せざるを得なかったようだ。

これまでの歴史を振り返ると、西武線が新宿駅に直接乗り入れるチャンスは三度あった。最初のチャンスは戦前の1932年(昭和7年)。当時西口にあった専売局淀橋工場(煙草製造)を芝浦に移転させ、その跡地に広場を建設し、広場の地下に西武高速鉄道(現、西武鉄道)、東京高速鉄道(現、東京メトロ)の駅を整備し、東横電鉄(現、東急電鉄)も渋谷から延伸させる計画が浮上したのだ。その計画には、淀橋浄水場を移転させて宅地などに利用する案も盛り込まれていた。

計画を主導したのは、内務省の都市計画技師である近藤謙三郎という人物だったという。その28年後の1960年（昭和35年）に東京都が発表することになる、「新宿副都心計画」の原案となった計画だ。結局、この計画自体が実現することはなかったが。

なお、この計画では、東横電鉄は当時の小田原急行新宿駅の隣に入線するはずだったが、第2章で解説したとおり、1945年にその予定地に京王電鉄が入ったため、東横線が新宿に延伸する目はなくなってしまった。

二度目のチャンスは、先ほど述べた1964年の新宿ステーションビル開業時。

三度目のチャンスは、1980年代後半。新宿貨物駅の廃止にともなう南口再開発事業で、当時の日本国有鉄道清算事業団が貨物駅跡地に百貨店を誘致する構想を打ち上げたときだ。このとき西武鉄道は、新宿駅南口に西武百貨店を建設するとともに、百貨店地下に西武線の新たな新宿駅を建設する計画を発表したのだ。

だが、新宿駅進出を画策していたのは西武だけではなかった。新宿ステーションビルに出資しながら出店できなかった髙島屋も捲土重来の機会をうかがっていたのだ。結局、新宿貨物駅跡地への百貨店出店は競争入札となり、ご存じのとおり髙島屋の出店が決まる。それが今日の複合商業施設タカシマヤタイムズスクエア（1996年10月開業）だ。西武の新宿駅進出の夢は、またしても頓挫してしまった。

余談だが、西武新宿線の南口への延長計画が出たとき、「最寄り駅がなくなる」という理由で歌舞伎町商店街が計画に反対した、との記録が残っているという。

はたして、西武線に四度目のチャンスはあるのだろうか。

新宿は異質なエリアがモザイク状に組み合わさった街

以上、駆け足で新宿駅周辺の現在の状況を確認してみた。このような要因によって、都市政策専門家の私から見ると、新宿は複数の異質なエリアがモザイク状に組み合わさってできている街だといえる。おおよそ次のようなエリアだ。

●ショッピングエリア

・シニア層……小田急百貨店・京王百貨店周辺

・若い女性層……新宿髙野・新宿中村屋・ルミネ1・ルミネ2・新宿ミロード・フラッグス・ルミネエスト周辺

・若い女性層＋男性層……タカシマヤタイムズスクエア周辺
・中間層……伊勢丹・新宿マルイ・ビックロ周辺・新宿紀伊國屋周辺
・外国人観光客……ビックカメラ・ヨドバシカメラ・ダイコクドラッグなど西口駅近周辺

●ビジネスエリア

・東京都庁・西新宿高層ビル群周辺

●文教エリア

・工学院大学・モード学園周辺、文化学園大学・文化服装学園周辺、代ゼミタワー周辺

●アミューズメントエリア

・風俗系……歌舞伎町・西武新宿駅周辺
・映画系……新宿三丁目・歌舞伎町周辺
・飲み会系A……東口～新宿三丁目周辺
・飲み会系B……西口駅近～高層ビル街周辺

歌舞伎町
アミューズメントエリア
新宿ゴールデン街
花園神社
新宿高野
紀伊國屋書店
伊勢丹
新宿三丁目
新宿二丁目
ビックロ
ショッピングエリア
タカシマヤタイムズスクエア

コクーンタワー
（モード学園）
小田急百貨店
トラベルエリア
京王百貨店
ヒルトン東京周辺
工学院大学
ハイアット
リージェンシー
東京都庁
ビジネスエリア
高層ビル群
バスタ
新宿
文化服装学園
代ゼミタワー
文化学園大学
文教エリア

・飲み会ディープ系……歌舞伎町・新宿ゴールデン街周辺、西口思い出横丁周辺
・飲み会ＬＧＢＴ系……新宿二丁目周辺
・演芸系……ルミネtheよしもと周辺・新宿末廣亭周辺
・お参り縁日系……花園神社周辺

●**トラベルエリア**
・バスタ新宿周辺
・西口バスのりば周辺
・京王プラザホテル・ハイアットリージェンシー・ヒルトン東京周辺

新宿で特徴的なのは、これらのエリアがモザイク状に存在していて、ほとんど交じり合わないことだ。たとえば、新宿に買い物に来たシニア層は、駅周辺からほとんど離れることがない。また奇妙なことに、西口の小田急百貨店、京王百貨店で買い物する人はほとんど東口には行かないし、伊勢丹、マルイで買い物する人が西口まで足を伸ばすケースはほとんどない。つまり、新宿駅に1日360万人という膨大な人数が集まるといっても、多

くの人は自分が目指す目的地と駅との往復しかしないため、人々が有機的に交じり合うということがないのだ。

さらにいえば、新宿駅では単に電車を乗り換えるだけで、駅から出ずに通過していく人々も相当数存在すると思われる。駅から人が出ないこと。駅から街に出ても、駅と目的地の間を往復するだけの人が多いこと。これは都市政策の観点から見て、きわめてもったいない。人々が新宿駅から街に出て、第1の目的地に行き、さらに人と人が有機的に交じり合い、第2、第3の目的地へと足を伸ばしてくれれば、街も経済もさらに活性化するし、そこから新たな文化が生まれる可能性だってある。

街づくりにおける「デザインポリシー」の重要性

新宿が抱えるこうした問題は、新宿を管轄する行政側も当然のことながら理解している。東京再開発レースで大きく先行している他の都市、大手町・丸の内、日本橋、渋谷、六本木・虎ノ門に追いつき追い越すには、年齢や性別、趣味嗜好で分断されている新宿の各エリアを有機的に統合し、これまでにない街の魅力を発信して、活力に変えていかなければならない。

そこで、東京都と新宿区が共同で打ち出しているのが「新宿グランドターミナル」という考え方だ。街づくりの大まかな方向性としては、2017年6月に「新宿の新たなまちづくり～2040年代の新宿の拠点づくり」で示されていたが、これを受けて2018年3月に公表されたのが、「新宿の拠点再整備方針～新宿グランドターミナルの一体的な再編～」というマスタープラン。「新宿グランドターミナル」というフレーズは、このプランにより初めて公にされた。

このマスタープランを受けて、「新宿の拠点再整備検討委員会」が2019年3月に公表したのが『新宿グランドターミナル・デザインポリシー2019』である。委員会会長とデザイン検討部会座長を務めるのは、日本大学理工学部特任教授で都市計画、交通工学が専門の岸井隆幸氏だ。

都市計画におけるデザインポリシーとは、ある都市を開発（再開発）する際の空間づくり、景観づくりの基本的なデザインや考え方のこと。都市の再開発には、産官学を含め、さまざまな立場の人がさまざまな段階で事業に携わるが、その際、街づくりの基本的なデザインや考え方を統一しておかなければ、ちぐはぐでまとまりがなく、見た目も美しくない街ができあがってしまう。

そこで、街づくりに参加する人が誰でも参照できるようなデザインイメージを最初に策定し、公表しておくことがきわめて重要になる。渋谷ヒカリエ、渋谷ストリーム、渋谷スクランブルスクエアなど、2000年代後半からスタートした〝100年に一度〟の渋谷再開発事業も、事前にデザインポリシーを策定していたおかげで、統一感のある街並みが形成できたと評価されている。

再開発の合言葉は「新宿グランドターミナル」

では、「新宿グランドターミナル」のデザインポリシーを具体的に見ていこう。

最初に掲げられているのが、「2040年代の新宿の拠点づくり」というコンセプト。「いま」ではなく、これから「20年後」の新宿を見据えた街づくりだと、まず宣言しているわけだ。そのうえで、東京における新宿の役割を次のように規定している。

東京都心における各拠点の位置づけ

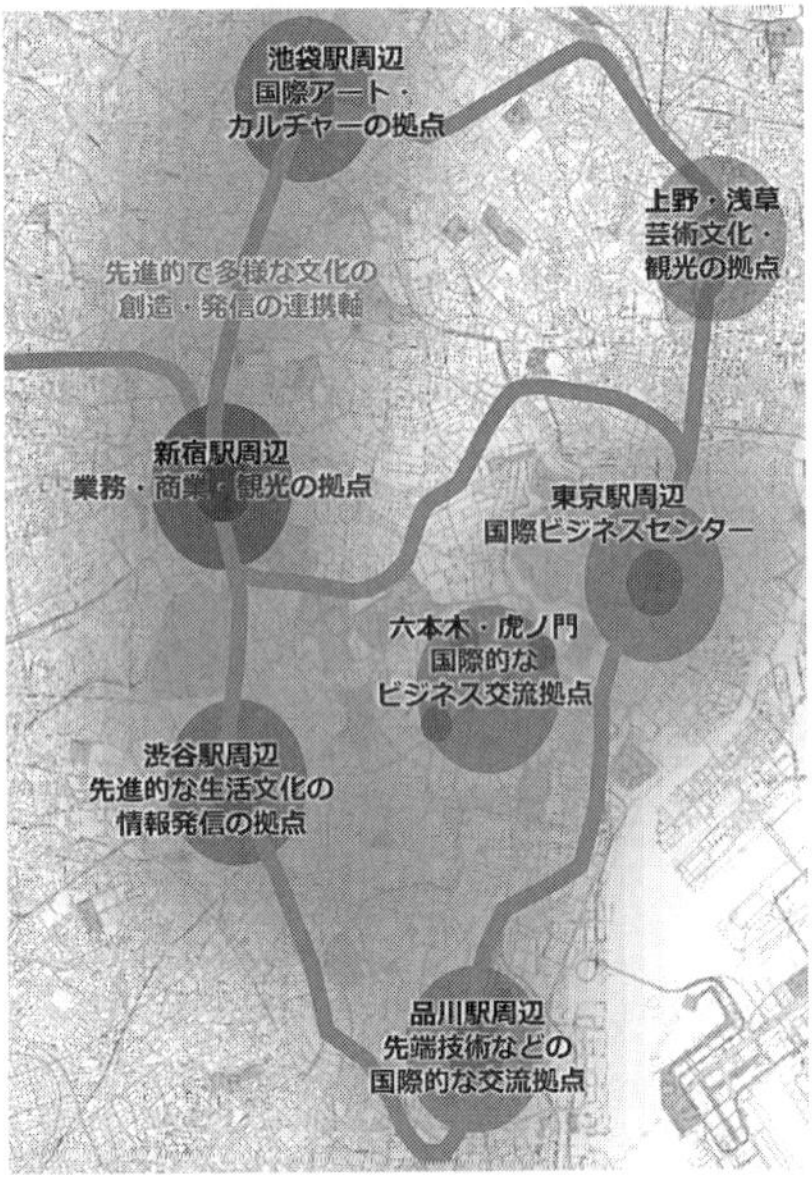

「新宿グランドターミナル・デザインポリシー2019」（新宿の拠点再整備検討委員会）

●東京中心部における業務・商業・観光の拠点

大丸有、六本木・虎ノ門、品川は金融・新産業・新技術を核とするビジネス拠点として機能しており、渋谷、池袋は先進的なアートやカルチャーの発信拠点として機能している。対する新宿は、業務機能だけでなく観光や商業など多くの都市機能が集積しているので、隣接する渋谷、池袋と一体的に機能を発揮することが期待される。

●都内外とつながる交通ターミナル拠点

新宿駅は多くの鉄道やバス路線を抱える巨大ターミナルであり、都内外各地区への観光

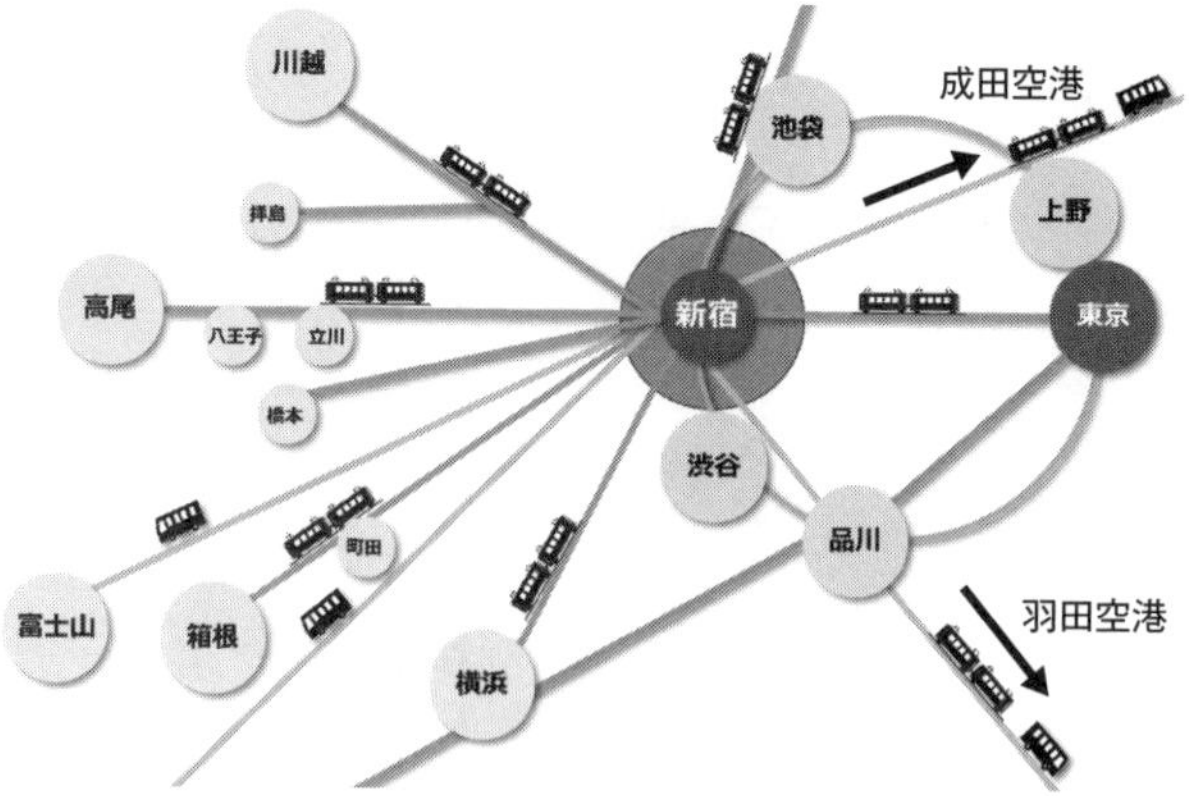

新宿は各拠点、国際空港、観光地などとの結節点になっている
新宿の拠点再整備検討委員会

拠点となるだけでなく、多摩エリアと都心を結節するターミナル拠点でもある。

「新宿のように、多様な機能が集積する拠点の再編は、成熟社会における機能更新のモデルとなり、東京の都市力向上に大きく寄与する」として、２０４０年代を見据えた新宿駅周辺地域の将来像を次のようにイメージしている。

・国内外の人・モノ・情報が集まり、交わり、刺激し合い、さらなる魅力や新たな価値を持続的に創出し続ける「国際交流都市・新宿」。

～「交流・連携・挑戦」が生まれる人中心のまちへ～

このように規定したうえで、次の2つのキャッチフレーズを掲げている。

（1）車中心のまちから人中心のまちへ
（2）多様な都市機能が近接し、連携するまち

新宿グランドターミナルのキーワードは「交流・連携・挑戦」

新宿の拠点再整備検討委員会は、「新宿グランドターミナル」のコンセプトをどのように規定しているのだろうか。

委員会は、新宿という「まちの特性」「ターミナルの特性」を次のように考えているようだ。

・まちの特性――多様な都市機能が高度に集積した抜群の拠点性
・ターミナルの特性――世界一の乗降客数を誇る圧倒的な交通利便性

こうした特性をいかすために、街づくりの方向性は次の4つになるという。

①世界一のターミナルにふさわしい機能の充実・強化
②駅とまち、まちとまちの回遊性向上
③国際競争力の強化に資する機能の導入
④周辺地域への展開

そのうえで、新宿グランドターミナルのコンセプトを次のように提示する。

駅、駅前広場、駅ビル等が有機的に一体化した次世代のターミナル
誰にとっても優しい空間がまちとつながり、
様々な目的を持って訪れる人々の多様な活動にあふれ、
交流・連携・挑戦が生まれる場所

コンセプトのキーワードは「交流・連携・挑戦」だ。

新宿グランドターミナルの具体的な方針は？

ここまで、「新宿グランドターミナル・デザインポリシー2019」を見てきているが、抽象的な表現が多く、ややイメージしにくかったかもしれない。だが、「交流・連携・挑戦」をキーワードに据えた次の「グランドターミナルの再整備方針」を読めば、東京都や新宿区の考えている新宿再開発の具体的なアイデアが少しずつ見えてくる。

●交流軸の構築

方針1 グランドターミナルとまちを「東西骨格軸」でつなぐ

Ⅰ．東西のまちをつなぐデッキを線路上空に新設
Ⅱ．東西骨格軸となる道路を歩行者優先の空間に再編

方針2 グランドターミナルを一体化して整える

Ⅰ．グランドターミナルを一体化するターミナル軸を構築し、まちとつなぐ
Ⅱ．グランドターミナルの人の流れを整える

Ⅲ．わかりやすく人に優しいグランドターミナルに整える

方針3　人中心の広場とまちに変える

Ⅰ．歩行者優先の駅前広場に再構成

Ⅱ．グランドターミナルへの車両流入を抑制

●連携空間の創出

方針4　グランドターミナルの顔となるプラザ・テラスを整備する

Ⅰ．グランドターミナルのシンボルとなる新宿セントラルプラザの整備

Ⅱ．デッキから地下までを結ぶ新宿テラス（East・West・North）の整備

Ⅲ．新宿テラスからまちの各所に視線が抜ける空間（新宿View）を確保

方針5　グランドターミナルに新たな機能を誘導・導入する空間を創出する

Ⅰ．新宿セントラルプラザに公益的な活動交流空間（新宿ラボ）を創出

Ⅱ．新宿テラスに鉄道沿線の多様な機能を融合する空間（地域連携ラボ）を創出

Ⅲ．グランドターミナルに訪れる人々が触れ合えるショールーム空間の創出

Ⅳ．安心して過ごせる空間の確保

方針6　グランドターミナルの各所に人が佇《たたず》みたくなる空間とみどりを創る

Ⅰ．駅がわかるエントランスの創出

Ⅱ．交流軸やエントランスに沿って連携空間を創出

Ⅲ．新宿中央公園と新宿御苑を結びつけるみどりの塊をグランドターミナルの各所に創出

● **持続的な発展への挑戦**

方針7　新宿のレガシーを継承しながら、新たな景観を生み出す

Ⅰ．西口立体広場のボイド等を継承・発展し、グランドターミナルからまち全体に展開

Ⅱ．新宿セントラルプラザや駅前広場に面して、交流・連携・挑戦を感じさせる設《しつら》えを用意

Ⅲ．遠方から視認できる、新宿らしいスカイラインの形成

方針8　誰もがチャレンジできる環境を用意する

Ⅰ．訪れる人々に多様な活動やサービスを提供するラボ機能の導入
Ⅱ．オールラウンドに発信を行える多様性を持ったショールーム機能の導入
Ⅲ．消費者と直接結び付き、新たな価値を生み出すイノベーション機能の強化
Ⅳ．人々を新宿に集め続け新たな発信が行われる、国際競争力強化に資する機能の導入
Ⅴ．チャレンジャーを生み出し続ける環境づくり

方針9　次世代の技術導入の可能性に果敢に挑戦する

Ⅰ．次世代モビリティシステムへの対応
Ⅱ．エネルギー地域制御への対応（エネルギーの多重な面的利用の拡大・連携強化と計画的更新）
Ⅲ．新技術を活用した災害時の対応

方針10　新宿全体の挑戦に結び付ける

Ⅰ．グランドターミナル周辺の段階的な機能更新につなげる

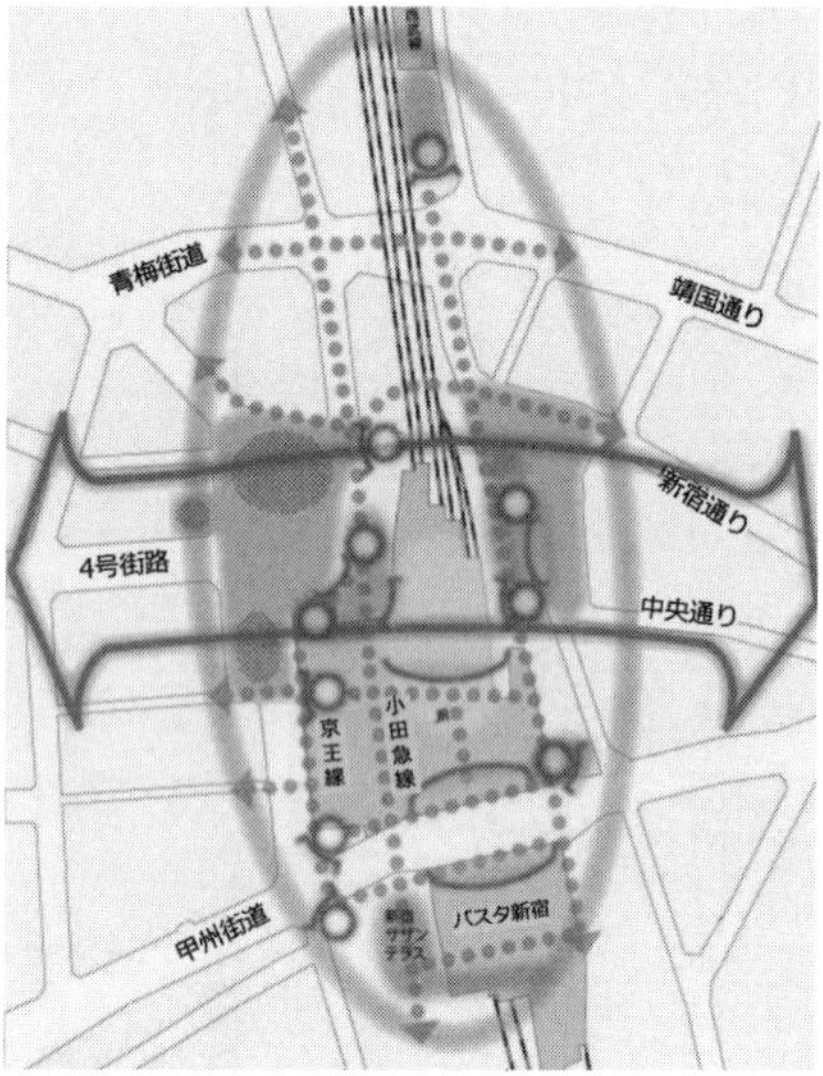

「新宿グランドターミナル・デザインポリシー2019」（新宿の拠点再整備検討委員会）

Ⅱ・新宿全体の価値向上につながる、持続可能なエリアマネジメントの推進

これらの、新宿再開発の10の方針を図式化したものが上の図だ。「交流」方針1の「東西骨格軸」を表しているのが、図の左右方向の大きな矢印である。これまで、新宿駅は東口と西口との行き来がしにくく、それが人の流れの分断を招いていた。そこで再開発方針案では、東口と西口をつなぐデッキを線路上につくるとしている。

私のイメージでは、舞浜駅や幕張新都心に見られるペデストリアンデッキのようなものだ。ただし、その中央部分は「セントラルプラザ」と呼ばれる大きな広場になっていて（方針4）、その近くに眺望のいい「新宿テラス」という場が設置される（方針4）。セントラ

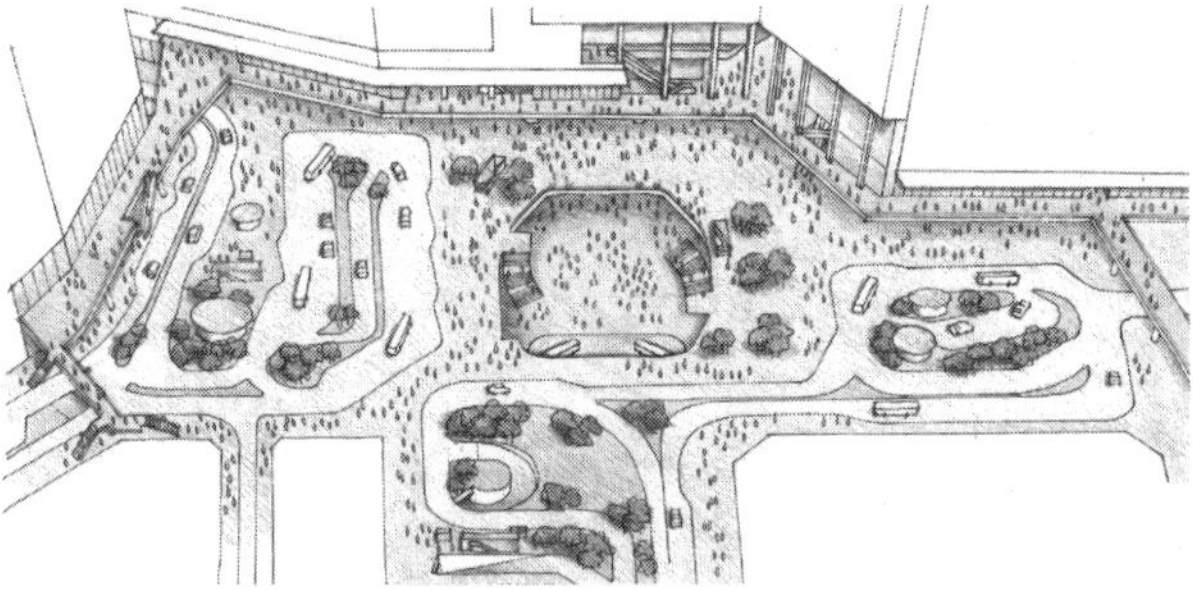

新宿駅西口広場のイメージ図
「新宿駅直近地区に係る都市計画案について」(東京都・新宿区)

ルプラザと新宿テラスにはそれぞれ、人々の交流を促す何らかの仕掛けが用意されるのだと思われる(方針5・方針7)。

また、大きな矢印は新宿中央公園と新宿御苑を結んでおり(方針6)、グランドターミナルを核に人々の流れが大きく動くことが予想される。

東西骨格軸の矢印に下に見える駅東口、駅西口の空間は、クルマをシャットアウトした歩行者用空間だ(方針3)。また、図の縦横に走っている矢印は「ターミナル軸」と呼ばれる歩行者の動線(方針2)。駅施設の各所には視認性の高いエントランスが設けられ(方針6)、ターミナル駅としての機能もしっかりアピールするものと考えられる。

ちなみに、私がこれまで多くの鉄道駅を見てきた経験でいえば、JRは線路の上空に何らかの構造物をつくることを極端に嫌う。それが内規なのか、社内風土なのかは不明だが、全国どの駅を見ても、ＪＲには線路上の空間を有効利用するという発想がない。

それだけに、ＪＲ新宿駅新南口にバスタ新宿ができたときには驚いた。線路上にあれほどの構造物をよくつくったものだと思う。もし、ＪＲが線路上空の利用価値に気づき、線路上空を有効利用する方向に舵を切ったのだとすれば、これから大規模な再開発が日本各地で活発に行われるに違いない。

2020年7月、新宿駅東西自由通路が開通

これまで見てきた新宿再開発方針は、今から約20年後の２０４０年での実現を目指すものだ。だが実際には、早くも動き出している計画がある。

そのうちのひとつが、２０２０年7月19日に開通した新宿駅東西自由通路だ。

先ほども少し触れたが、ＪＲ新宿駅の改善すべき問題点のひとつは、駅の東口と西口を容易に行き来できないこと。1〜16番線まである駅構内は幅が１００ｍもあり、駅構内を通らずに迂回するのは非常に面倒だった。おまけに、駅周辺の地理に不案内だと、線路の向こう

2021年４月時点の東西自由通路。以前はこの写真の手前に西口改札があり、自動改札機がずらりと並んでいた。駅構内の北通路を改札外の東西自由通路につくり替えたわけだ。

の目的地になかなかたどり着けず、最悪の場合は迷子になることもあった。

そこで新宿駅周辺地区都市再生協議会とＪＲ東日本は、東西自由通路開通のための工事を２０１２年から着々と続けてきた。そして２０２０年７月、ついに東西自由通路が開通した。これまではＪＲの構内に入らなければ東口と西口を行き来できなかったが、改札口を移設して構内北通路を構内から切り離すことで、駅構内を通らなくても歩行者が自由に通行できるようにした。先ほどの再開発方針でいえば、方針１、２、３の実現に一歩近づいたことになる。

新宿駅西口に高さ260mの超高層ビルが出現

具体的に動き出しているのは、東西自由通路だけではない。実は小田急電鉄と東京メトロが共同で、2020年9月に「都市再生特別地区（新宿駅西口地区）都市計画（素案）」を発表しているのだ。小田急電鉄と東京メトロが発表したプレスリリースによれば、次の3つの項目を整備方針として事業に取り組んでいくという。

（1）新宿グランドターミナルの実現に向けた基盤整備

・駅とまちの連携を強化する重層的な歩行者ネットワークを整備します。

・にぎわいと交流を生み出す滞留空間を整備します。

・人中心の駅前広場整備へ協力します。

（2）国際競争力強化に資する都市機能の導入

・交流・連携・挑戦を生み出すビジネス創発機能を整備します。

（3）防災機能の強化と環境負荷低減

・帰宅困難者支援や面的な多重エネルギーネットワークの構築による防災機能を強化

現在の小田急百貨店本館(上)と建物の完成イメージ(下)

します。

・最新技術の導入等による環境負荷低減に取り組みます。

この計画の目玉は、現在、小田急百貨店新宿店本館と新宿ミロードがある場所に、新たに超高層ビルを建設するというもの。ビルは地上48階、地下5階建てで高さは260m。東京都庁舎の243・4mを抜いて、新宿で一番背の高いビルになる。

小田急線新宿駅の2階には改札が新設される。東京メトロ丸ノ内線に続く地下通路も整備され、駐車場には359台を収容する。

地上1階は交通広場となり、地上2階に東西デッキと南北デッキを設け、全方位に自由に移動できる。なお、この小田急百貨店建て替えに合わせて、東京都は西口地下広場を歩行者優先の空間にするという（一部のロータリーは残される予定）。

低層部分には商業施設が入り、高層部分はオフィスとなる。9階～14階には眺望のよいスカイコリドー（空中回廊）と呼ばれる滞留空間が設定される。商業施設とオフィスの中間フロア（12、13階）にはビジネス創発機能を設定し、2階はビジネス創発を発信する場となる。12、13階には、ワークショップやプロモーションなど、エンドユーザーとサプラ

ルミネエスト新宿が超高層タワーに建て替えられ、東西のツインタワーとして新宿駅の新たなシンボルになることが期待される。ただし、東口側のタワーの完成は西口側よりかなり遅れた2040年代となる見込み。

イヤーが自由に共有できるスペースをつくるという。また、大地震などで帰宅困難者が多数発生する事態を想定し、地下１階に一時滞在施設（約５６４０㎡・約３４００人分）と３日間の受け入れに備えた防災備蓄倉庫も設置される。

この再開発事業の着工は２０２２年度、竣工は２０２９年度の予定。工事着工に備え、新宿駅西口地下のメトロ食堂街は２０２０年９月に閉館された。

さらに２０２０年７月の一部報道によると、新宿駅東口にも超高層ビルを建設する構想があるという。ＪＲ新宿駅の駅ビルであるルミネエスト新宿が、西口で小田急と東京メトロが計画しているのと同じ高さ２６０ｍのビルに建て替えられるようだ。

　つまり、新宿駅の東西に高さ260mのツインタワービルが出現するのである。竣工は2040年といわれ、詳細はまだまったく決まっていないと思われるが、西口の新しいビルの計画には入っていなかったハイクラスホテルがテナントとして入るという情報もある。新宿駅をサンドイッチするように、駅の東西に巨大な超高層ビルが建設されれば、駅周辺の風景、アクセス、利便性が一変して、世界に誇るべきグランドターミナルが誕生する可能性もある。

第4章

未来の新宿を支える周辺エリア開発

新宿西口のイメージを変えるプロジェクトが進行中

第3章で解説したとおり、2040年（令和22年）になれば、新宿駅の東西に高さ260mの超高層ツインタワービルが出現する。いや、2029年（令和11年）になれば、ツインタワーのうちの1本が新宿駅西口の真上に早くも完成するのだ。東京都庁より高い260mのビルが新宿駅と合体して立ち上がる！ そのとき私たちは、これまでまったく見たことのない、新宿駅のきわめて近未来的な姿を目にすることになるだろう。丸の内や六本木、渋谷に対する新宿の逆襲がいよいよ始まるのだ。

だが、逆襲に向けての新宿の動きは、実はすでに始まっている。これまで本書ではあえて触れてこなかったが、新宿駅周辺においても、いくつかの再開発プロジェクトが着々と動き出しているのだ。

そのうちのひとつが、西新宿一丁目地区プロジェクト（仮称）。新宿西口駅前広場をはさんで新宿駅、京王百貨店の対面にある、明治安田生命新宿ビルの全面建て替え工事だ。対象地域は新宿区西新宿1丁目9番にある明治安田生命新宿ビル、明治安田生命新宿ビル

新宿駅西口からのイメージ図。右側のコクーンタワーと相まって、西口のイメージを引っ張る存在になりそうだ。

新宿区景観まちづくり審議会第69回資料

別館、第一スカイビル、高倉第二ビル、明治安田生命新宿第三ビル跡地、永和ビル跡地、KSビルの敷地。面積は約6300㎡で、これらの敷地にある建物をすべて解体して、高さ130m、地上23階、地下4階の超高層ビルを建設するというもの。

解体工事は2021年（令和3年）4月から始めて、2022年（令和4年）8月31日までに終了予定。その後、明治安田生命ほかの建築主により建設工事を始め、2025年（令和7年）7月31日の竣工を目指すという。

ビルの主な用途は、事務所、商業施設、ホール、駐車場。基準容積率1000%、計画容積率1300%（想定）で、延べ床面積は約97000㎡。1階と地下1階に商業施設が入り、4～23階がオフィスになる。駐車場は地下2階、3階。

ビル外観のデザインはほぼ決定しており、暖色系のPCカーテンウォールを外装に使うことで、駅前広場と4号街路（駅前広場から都庁方向に延びる道路）に対して活気と温かみのある外観を表現する。また、低層から中層、高層にかけてPCカーテンウォールとガラスの比率をグラデーショナルに変化させ、単調な外観にならないよう工夫するという。

さらに、4号街路を挟んで東京モード学園コクーンタワー（高さ約204m）と対峙することになり、夜間は壁面をライトアップすることで、昼夜を問わずランドマークとなる駅前空間を演出する。

ビルの周囲に配置するオープンスペースにも徹底してこだわる。ビル容積率を大きく取れるために、駅前広場沿いに幅12m、4号街路沿いに幅9・5m、プラザ通り（4号街路の反対側）沿いに幅9mと、特別区道11－390（駅前広場沿いの反対側）沿いに幅8mと、それぞれ広めのオープンスペースを確保。それらを緑あふれる空間とする。

駅前広場沿いのオープンスペースには、芝生やサクラ、サルスベリ、エゴノキなどの高木、カマツカ、ジューンベリーなどの中木、アジサイなどの低木を植栽し、木陰のところどころにベンチを配置して、人々が落ち着いて佇める滞留スペースを提供する。4号街路

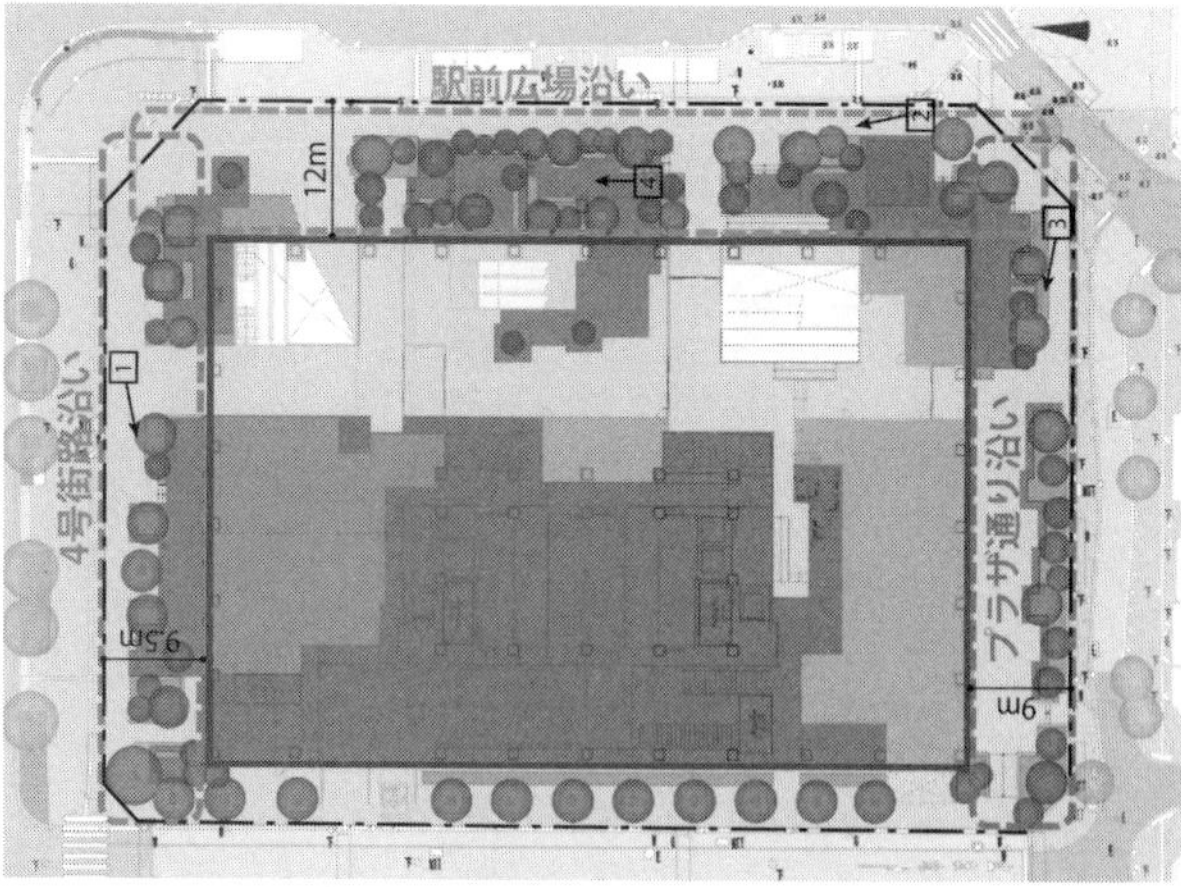

ビル周囲のオープンスペースには多様な低木が植栽される予定だ。

新宿区景観まちづくり審議会第69回資料

沿いには、武蔵野の森の植生をベースに、コナラ、イヌシデ、アカシデ、常緑ヤマボウシなど、4号街路のレガシーを継承するような緑化を実現。店舗がオープンカフェを開く場合は、植栽との連続性を考慮する。

プラザ通り沿いにはコブシ、ナツツバキ、シラキ、ヤマツツジなどを植栽。特別区道11－390沿いには、シラカシ、タブノキ、ハイノキなどを植栽。ビル周辺は全体的にグリーンのあふれる清々しい空間とし、これまで無味乾燥だった新宿駅西口のイメージを一変させるよう試みるという。新宿駅から見た西口の正面に、こうした緑あふれる空間が出現すれば、人々の新宿に対する印象は大きく変わるはずだ。

また、新宿駅とはこれまでどおり地下通路で接続し、地上と地下をつなぐ吹き抜け空間を設けるなど、歩行者の動線にも工夫を凝らすようだ。

なお、この再開発計画は、2018年に東京都と新宿区で策定した新宿グランドターミナル構想の枠組みに則って進められている。

ヨドバシカメラ新宿西口本店、超高層ビル建て替え工事は見送り

新宿駅西口には、大型の建て替え工事案件が実はもうひとつ存在していた。ヨドバシカメラ新宿西口本店の、地上20階程度の超高層ビルへの建て替え計画だ。

その計画が一部で話題を呼んだのは、たしか2014年（平成26年）ごろだったと思う。読者の中にも覚えている方がいるだろう。当時、新宿エリアは家電製品の売上高が年間2500億円を超えており、日本全体の売上げの約5％を占めていた。エリア別で見れば当然、日本一だ。しかも、そのころから訪日外国人観光客数が急増しており、外国人の多くは新宿で家電製品を買っているというデータもあった。

一方、ヨドバシカメラは新宿で「西口本店」という看板を掲げながら、実際の売場は10

棟前後の建物に分かれていた。そこで、買い物客の利便性を高めるためにすべての売場を統合することで、さらなる売上げアップを目指す案が浮上したわけだ。計画では地上20階程度の超高層ビルを2棟建設し、訪日外国人向けに化粧品やブランド品などの免税品売場を拡充。売場総面積は、当時の西口本店全体の約2倍にあたる40000㎡になる予定だった。家電量販店としては国内最大級だ。ビルには飲食店などのテナントも入れ、大型複合商業施設として、東京オリンピック・パラリンピックが開催される2020年ごろの開業を目指すとしていた。総事業費は約500億円。

だが、今回あらためてヨドバシカメラに確認したところ、この計画は諸般の事情により見送りになってしまったようだ。2021年（令和3年）4月現在、ヨドバシカメラ西口本店はマルチメディア館北館、マルチメディア館南・東、トラベル館、カメラ館、ゲーム館、ホビー・おもちゃ館など12の建物に分かれて営業している。

歌舞伎町のイメージを一新！ 東急の複合エンターテインメント施設

新宿駅西口の明治安田生命ビル建替工事は2025年7月の竣工予定で、これから4年ほど先になる。しかし、新宿駅周辺にはもっと直近に完成する再開発プロジェクトがある。それが、現在新宿歌舞伎町で進められている「新宿TOKYU MILANO再開発計画」だ。竣工は2022年度を予定している。

場所は、新宿区歌舞伎町一丁目29番。かつて東急レクリエーションが運営していた新宿TOKYU MILANO（旧・新宿東急文化会館）と新宿ミラノ新館の跡地、約4600㎡。このビルに入っていた映画館の新宿ミラノ座、新宿ミラノ2、新宿ミラノ3、シネマスクエアとうきゅう、ボウリング場の新宿ミラノボウル、ファミリーマート西武新宿駅前店は2014年12月31日に閉鎖されており、取り壊しや基礎工事を終え、骨格が組み上がってその姿を現しつつある。

この地に建設されるのが、高さ225m、地上48階、地下5階、塔屋1階の複合エンターテインメント施設となる超高層ビルだ。延べ床面積は約8万8000㎡。設計は久米設計・東急設計コンサルタントJV、施工は清水建設・東急建設JVだ。

建物は中層階までの幅の広いビルに、高層階までの細長いビルが上に載るという構造になっている。地下にライブホールと駐車場、低層階（地上〜25m）に商業店舗とリムジンバス乗降場（1階）、中層階（25〜110m）に劇場と映画館、高層階（110〜225m）

新宿TOKYU MILANOビルのイメージパース（大久保方面からの眺望）。

にホテルが入る予定だ。これまでの複合大型開発とは異なり、オフィスや住宅は入らず、ホテルを含むエンターテインメントに特化しているのが大きな特徴だ。

劇場、ライブホールを運営するのは、株式会社TSTエンタテイメント。株式会社東急レクリエーション、株式会社ソニー・ミュージックエンタテインメント、東急株式会社の3社の共同出資により、2018年12月に新たに設立された。

かつての新宿ミラノ座を継承する形の映画館は12〜15階に入り、総面積は約5800㎡。そこに8つのスクリーンが設けられる。

8階〜11階はコマ劇場などの伝統を引

き継ぐ劇場だ。面積は約3300㎡。舞台は6階、客席は6階（700席）、8階（2階席150席）に配置され、劇場としてはサンシャイン劇場（816席）やシアタークーン（747席）と同等の中規模になる。音楽ライブや映画館としての利用も可能で、客席前6列を可動シートにした張り出し型舞台対応だ。楽屋は5部屋、11トントラックも受け入れ可能で、長期の公演も可能としている。

地下1～4階（B1～B4）はライブホールだ。地下4階がステージとライブホール、地下3階がステージとライブホールの吹き抜けで、パーティースペースとラウンジが設けられる。最大収容人数は約1500人（B3：1600人、B4：1340人）で、着席仕様なら約580人。同じくソニー・ミュージックエンタテインメント系列であるZeppホールのノウハウと情報ネットワークをベースに、新宿から国内外の熱いミュージック・カルチャーを発信するという。

なお、高層階（17～47階）のホテルは地上100mを超えるルーフトップを備え、アートや音楽など街の文化を織り込んだ客室を整備するという。運営は東急ホテルズが担当する。建物の低層階にはリムジンバスが直接乗り入れられる発着場があり、海外や遠方からの観光客にとっても使い勝手のいいつくりになっている。

この再開発計画は、大枠で新宿グランドターミナル構想と連動しているが、歌舞伎町という街との一体感も考慮されている。見逃せないポイントは、歌舞伎町シネシティ広場（旧コマ劇前広場）を挟んで、新宿東宝ビルと対面していることだ。

新宿東宝ビルは新宿コマ劇場跡地に２０１５年４月にオープンした、同じくエンタメ・ホテル複合ビル。屋上に実物大のゴジラの頭部が設置されているビルといえば思い出す方も多いだろう。高さ約１３０ｍ、地上30階、地下1階建てで、地下に駐車場と駐輪場、１階～2階に物販・飲食店・遊技場、3階～6階にＴＯＨＯシネマズが運営するシネマコンプレックスＴＯＨＯシネマズ新宿の12スクリーンが入る。8階～30階は藤田観光が運営するホテルグレイスリー新宿（客室９７０室）だ。

つまり、シネシティ広場を取り囲むように2つのエンタメ・ホテルが建っているわけだ。そのため、大きなイベントがあるときには、シネシティ広場が観客の待機スペースや滞留スペースになる。また、新宿ＴＯＫＹＵ　ＭＩＬＡＮＯビル（仮称）と新宿東宝ビルを合わせると映画館は20スクリーンにもなるので、いろいろな映画をハシゴで鑑賞することが可能だ。歌舞伎町には飲食店も多いため、これから歌舞伎町は一大エンターテインメントゾーンに大化けする可能性を秘めている。

オープン後は、ナイトライフで外国人にお金を使ってもらう「ナイトタイムエコノミー」のモデル地区として、歌舞伎町は大いに賑わうだろう。

新宿TOKYU MILANOビルが成功するかどうかは、上層階にどんなホテルが入るかにかかっているだろう。東急ホテルズ最上位のハイクラスホテルが入ることになれば、外国人観光客の支持を集めることができ、歌舞伎町の客層もおのずと入れ替わっていくはずだ。

いずれにしろ、新宿三井ビルと同じ高さの225mの超高層ビルが屹立すれば、歌舞伎町の風景も一変するに違いない。位置的には西武新宿駅のすぐ真横なので、西武線利用者が増える可能性もある。2022年夏、新宿の街は歌舞伎町から何かが変わっていくかもしれない。

新宿住友ビルに巨大屋内イベント会場がオープン

明治安田生命ビルの建て替え(2025年)や、新宿TOKYU MILANO再開発(2022年)のように大規模なものではないが、比較的小さな規模のリニューアルは新宿の

全天候型のホールなので、非常に開放感の高い空間になっている

各所で進められている。

　2020（令和2年）年7月1日に開業したのが、新宿住友ビルの「三角広場」だ。新宿住友ビル自体は1974年（昭和49年）の竣工。三角広場の建設は、西新宿・超高層ビル群で初めて実施された本格的なリニューアル・プロジェクトで、1996年から20年がかりで構想が練られ、2017年から3年に及ぶ工事で実現した。具体的には、新宿住友三角ビルの公開空地である〝根元〟の部分をガラスの大屋根で覆い、全天候型のイベント広場をつくるというもの。ガラス大屋根の内側は、天井高が最高で25mあり、約6500㎡に及ぶ超巨大な無柱空間が出現したことになる。大屋根はガラス製だから、天気がよけ

れば陽光がさんさんと降り注ぐ。壁面には564インチの4K大型ビジョンが設置済み。最大2000名規模のイベントが開催可能で、災害時には最大2850人の帰宅困難者を受け入れることもできる。

コロナ禍という最悪のタイミングでオープンしたため、あまり大きなニュースにはならなかったが、来場者が自由に弾くことのできる「三角ピアノ」が不定期に設置されたり、会場内をリアルな恐竜ロボットが動き回る恐竜展がメディアで取り上げられるなど、一定の話題性は獲得できたようだ。

今後は西新宿の超高層ビル群最大の全天候型オープンスペースとして、さまざまなイベントが開催され、多くの集客が期待できるのではないだろうか。

「ひまわり」が見られる美術館が移転オープン

2020年（令和2年）7月10日には、ゴッホの「ひまわり」が見られる美術館が「SOMPO美術館」として西新宿で移転オープンした。

移転前の名称は「東郷青児記念 損保ジャパン日本興亜美術館」。西新宿・超高層ビル群

損害保険ジャパン本社ビルの〝裾野〟に移転した「SOMPO美術館」

の損害保険ジャパン本社ビル42階にあったのだが、スペース（延べ床面積約１９００㎡）に限りがあるためすべての所蔵品を展示できず、また大きな作品をエレベーターに搬入できないなどの制約があった。そこで、同じ敷地内の公開空地に別棟の専用美術館を設計、建設し、名称も新たに再スタートすることになった。

そもそも、この美術館が開館したのは１９７６年（昭和51年）７月。当時の安田火災海上保険（現、損害保険ジャパン）が財団法人安田火災美術財団を設立し、安田火災海上本社ビル（現、損害保険ジャパン本社ビル）42階に「東郷青児美術館」としてオープンさせた。安田火災海上が画家・東郷青児の作品をポスターやカレンダーに使用し、東郷の創作活動を支援したことから両者に関係性が生まれ、安田火災海上が美術館を設立するのに際して東郷は自作約150点を寄贈。東郷自身が収集していた内外の美術作品約200点も合わせて寄贈され、美術館としての陣容が整った。

その後、美術館は何度か名称変更を重ね、2014年（平成26年）、合併にともない損害保険ジャパン日本興亜と商号変更したのに合わせ、「東郷青児記念 損保ジャパン日本興亜美術館」となっていた。

フィンセント・ファン・ゴッホの「ひまわり」を、当時の安田火災海上保険がオークションで落札したのは1987年（昭和62年）。作品の制作年が1888年であり、同社が1988年に創業100周年を迎える記念として購入したものだった。落札金額は3992万1750ドル、日本円で約53億円と当時大きな話題になった。日本が世界経済における〝金持ち〟だったバブル期の象徴的な出来事だ。

今回オープンしたSOMPO美術館は、損害保険ジャパン本社ビル敷地内の公開空地に大成建設の設計施工、丹青社の展示室デザイン内装で建設された。外観は東郷青児作品にインスパイアされたという、独特の曲線が印象的だ。地上6階、地下1階建てで、延べ床面積は約4000㎡。1階がエントランス、2階がミュージアムショップとミュージアムカフェ、3階～5階が展示室になっている。

主な所蔵作品は、前述のゴッホ「ひまわり」をはじめ、ポール・セザンヌ「りんごとナプキン」(1879～1880)、ポール・ゴーギャン「アリスカンの並木路、アルル」(1888)、ピエール＝オーギュスト・ルノワール「帽子の娘」(1910)、グランマ・モーゼス「古い格子縞の家」(1944)、東郷青児「望郷」(1959)など。所蔵作品は合計で約640点になるという。

これまでゴッホの「ひまわり」を見るためには、損害保険ジャパン本社ビルに入館し、エレベーターで42階まで上がらなければならなかったため、何となく敷居が高かった。JR新宿駅西口から徒歩5分の地上に移転したことで、これから来場者は大幅に増えていくだろう。

ちなみに、損害保険ジャパン本社ビルは、建物の裾がパンタロンのように広がっている、お馴染みのビル。SOMPO美術館はパンタロンの〝裾〟に接して建っているので、すぐわかる。西新宿・超高層ビル街の新たな観光スポットになりそうだ。

新宿中央公園にオシャレな飲食&スポーツ施設

新宿中央公園も少しずつ変化している。

かつての淀橋浄水場跡地の一角に公園として整備され、都立公園として開園したのが1968年(昭和43年)。1975年(昭和50年)に新宿区立公園に移管し、1980年(昭和55年)から3年かけて全面改造工事が行われた。その際に実施されたのは、多様なレクリエーションの場の拡充、災害時の避難広場の設置、周辺住民のための利用スペースの確保など。その結果、水の広場、芝生広場、区民の森、ちびっこ広場、ジャブジャブ池、多目的運動広場、スポーツコーナーなどが整備され、新宿ナイアガラの滝が完成し、ほぼ現在の公園の姿となる。

ただ、平成に入ってからはバブル崩壊の影響か、路上生活者がブルーシートでテントをつくって寝起きするようになり、イメージは悪化した。

第1章でも言及したが、新宿中央公園を計画用地の端、それも新宿駅から最も遠い側に配置したことには疑問が残る。公園を多くの人々にとっての〝憩いの場〟として機能させるには、計画用地の中央に配置すべきだった。名称は「新宿中央公園」だが、実質的には

「新宿西端公園」になってしまっているのだ。

しかし、その悪条件を克服しようとする動きも始まっている。

2020年（令和2年）7月16日、公園北東の角に交流拠点施設「SHUKNOVA（シュクノバ）」がオープンした（内藤新宿、宿場町の「SHUK」と、新しいという意味のラテン語「NOVA」の組み合わせ）。

2階建ての飲食&スポーツ施設で、1階にむさしの森Diner（レストラン）、スターバックス コーヒー（カフェ）が入り、ヨガスタジオなどを備えたPARKERS TOKYOが1階、2階に入っている。施設の人気は上々で、2021年3月時点ですでに延べ20万人以上に利用されているという。

2016年度（平成28年度）に実施された来園者意識調査を見ると、利用者の65%までが新宿区外の居住者であり、公園までの交通手段は「新宿駅から徒歩」が最も多かった（36・7%）。公園にそれなりの魅力があれば、新宿駅から徒歩約10分と多少遠くても、利用者は確実に集まるのだ。

2020年（令和2年）はコロナ禍で開催が見送られたが、2017年（平成29年）から水の広場付近で始まった野外映画上映会「新宿パークシネマフェスティバル」（9月開催）

新宿中央公園にある交流施設「SHUKNOVA」。レンガや木材を使った外装で、温かみや優しさを演出している。

は年々来場者が増え、人気イベントになりつつある。それとは別に小田急電鉄が毎年主催する「Screen@Shinjuku Central Park」（7月開催）は、2019年（令和元年）に3日間で1万2000人以上の来場者があったという。

約8万8000㎡の敷地を持つ新宿中央公園は、新宿区立公園で最大の面積を誇る。新宿という街の魅力を高め、「新宿の逆襲」を成功させるには、この公園が持つポテンシャルをさらにいかす工夫が求められるだろう。

新宿駅東口駅前にパブリック・アートが出現

新宿駅の東口と西口をつなぐ東西自由通路が開通し、駅周辺の人の流れが大きく変わった2

020年（令和2年）7月19日、新宿駅東口の駅前広場にも大きな変化があった。これまで何となく散漫な印象しかなかった駅前広場に、世界的に著名なアーティストのパブリック・アートが登場したのだ。

アーティストの名は松山智一氏。1976年（昭和51年）岐阜県生まれで、2002年（平成14年）に渡米。現在はニューヨークを拠点に活動し、ペインティング、彫刻、インスタレーションの作品を制作し、世界各地のギャラリーや美術館で作品を発表。ロサンゼルス・カウンティ美術館（LACMA）やMicrosoftコレクションに作品を収蔵されるなど、松山氏の活動はマーケットでも高く評価されている。

今回のパブリック・アート作品のコンセプトは、「Metro-Bewilder（メトロビウィルダー）」。「都会」を表す「Metro」、「自然」を表す「Wild」、「当惑」を意味する「Bewilder」の3語を合わせた松山氏の造語だという。駅前広場の路面には、花などをデザインした色鮮やかなランドアートが描かれ、広場の中心に屹立するのは高さ7mの巨大な鏡面ステンレス製の彫刻作品「花尾 Hanao-san」。

パブリック・アートを含む今回の駅前美化整備事業の発注者は、ルミネとJR東日本。施工は安藤ハザマ、デザイン設計・デザイン監修はsinato、基本設計・実地設計は

「花束を持って来客を迎える主人」がモチーフだという。

JR東日本建築設計が担当した。

駅前美化整備事業の発注者であるルミネは、パブリック・アートの制作・監修を松山智一に依頼した理由について、「西洋と東洋、古典とポップカルチャーなど、相反する要素をサンプリングする松山氏のスタイルが、オフィス街と繁華街が共存し、多種多様な人が集まる新宿のカオス感の表現に適していること」などを挙げている。

一方、パブリック・アートの制作者である松山智一氏も、今回の作品について次のようなコメントを発表している。要約して紹介しておこう。

「今回の制作には、ミクロとマクロの

2つの視点で取り組んだ。ミクロな視点では、これまで活用されてこなかったこの場所で東京らしさを発見してもらうため、『Metro-Bewilder』という造語で大都会、自然、アートを結びつけ、訪れる人に驚きを提供したかった。マクロな視点では、新宿が世界一の交通量を誇る大都会でありながら、いまだにローカルカルチャーが根づいている稀有な場所なので、『グローバル＋ローカル＝グローカル』をコンセプトにした」。松山氏のコメントは、まさに新宿の特性を表している。

新宿駅東口駅前のステンレス製彫刻作品「花尾 Hanao-san」は、これから渋谷駅前のハチ公のような存在になれるだろうか。

自動運転タクシーが西新宿の歩行者の足になる

1960〜70年代に最初の再開発が行われた新宿駅西口周辺は、わが国にもアメリカのようなモータリゼーションが到来するという予測から、自動車で移動することを前提に街づくりが進められた。そのため、西口駅前広場は地上・地下ともに必要以上にゆったりした空間が取られているし、駅から都庁方面に向かう道路の車幅も必要以上に広く設計されている。また、西口駅前周辺はもともと淀橋浄水場の跡地であり、地上と貯水池の底との高低差が7mほどあったが、自動車交通では道路を立体交差させたほうが渋滞が生じにくいため、あえて高低差を埋め戻さずに多くの道路が設計された。

だが結果的に、わが国にはアメリカのようなモータリゼーションは到来しなかった。そのため、新宿駅西口周辺の整然と区画された道筋は、歩行者にとっては単に移動しにくいだけの道路になってしまった。かくして、「歩行者の回遊性を高めるためにモビリティ（動きやすさ、可動性、移動性）をどう確保するか」は、西新宿に拠点を持つ人々にとって長年の懸案事項になっていた。

新宿副都心エリア環境改善委員会は、西新宿に業務拠点を持つ19の企業で構成される一般社団法人だ。2010年（平成22年）に設立され、この地域が抱える諸問題を解決するため、数々の協議と実証実験を重ねてきた。

西新宿周辺における歩行者モビリティの問題については、「AI（人工知能）によるタクシー自動運転」というアプローチで解決方法を模索しており、2020年（令和2年）の11月5日〜8日と12月8日〜23日の二度、実証実験を行った。

実験に参加したのは、タクシー配車システムなどの開発を行っているモビリティテクノロジーズ、自動運転ＯＳなどの開発を手がけるティアフォー、三次元地図計測などを手がけるアイサンテクノロジー、それに損保ジャパンとＫＤＤＩの5社だ。

12月の実験では、第5世代移動通信システム「5Ｇ」を活用した自動運転システム搭載のタクシー専用車両「ジャパンタクシー」を3台使用。被験者は、ドアにあるＱＲコードをスマホで読み込むことによってドアを開け、後部座席に配置されたボタンを押すことでタクシーをスタートさせ、目的地の京王プラザホテルや東京都庁に向かった。抽選で実験に参加した１８５人の多くが、自動運転タクシーに好印象を持ったという。

今後、自動運転がさらに高精度化し、かつ無人タクシーを一定の台数確保することができれば、西新宿における歩行者の利便性も高まるだろう。


第3章で見たように、新宿グランドターミナル構想ではこれから、歩行者優先の街づくりが進められていく。とはいえ、１９７０年代に再開発された西新宿の街の構造を、今すぐ歩行者優先につくり直すことは難しい。歩行者が自由に歩き回る感覚で無人タクシーを西新宿でリーズナブルに活用できれば、西新宿の街の活性もより高まっていくのではないだろうか。

第5章

新宿という街に
これから必要なもの

再開発レースで競い合う東京の各都市

２０２１年（令和3年）４月現在、東京都内各所では、さまざまな規模の再開発プロジェクトが進行中である。こうした現状を、各都市における〝再開発レース〟にたとえると、上位6都市は次のようになるだろう。

1位　渋谷
2位　六本木・虎ノ門
3位　八重洲・京橋
4位　日本橋・常盤橋
5位　大手町・丸の内・有楽町（大丸有）
6位　品川

２０１５年（平成27年）ごろまで、東京再開発レースの首位をひた走っていたのは、間違いなく5位の〝大丸有〟だった。２０１２年（平成24年）、東京駅丸の内駅舎が67年ぶりに復元されただけでなく、2000年以降、高さ100m以上の超高層ビルがこのエリアに30棟以上も建設されているのだ。丸の内地区では東京商工会議所ビルなどを建て替えた三菱地所の「丸の内二重橋ビル」、大手町地区では三井物産と三井不動産による「OTEMACHI ONE」、評判となった温泉つきの日本旅館「星のや東京」の完成で、この地区の開発は一服した感がある。

だが、2015年（平成27年）ごろから、注目度の高さにおいて、東京再開発レースの首位に僅差で躍り出たのが渋谷である。再開発の〝顔〟であり〝シンボル〟でもある渋谷ヒカリエが2012年（平成24年）4月に開業すると、〝渋谷100年に一度の大改造〟が一気に加速し、渋谷駅周辺で進められていた再開発プロジェクトが次々と〝形〟になっていった。宮下公園の立体化やNHK放送センターのリニューアルなど、渋谷大改造は現在も進行中である。また、その要となる渋谷スクランブルスクエアの屋上には「SHIBUYA SKY」という展望施設があり、東京に新たな眺望を提供している。ビル自体も夜間のサーチライトショーなどを行っており、渋谷全体の景観を一変させた。

この渋谷に負けず劣らずなのが六本木・虎ノ門だ。2020年には東京メトロ日比谷線で「虎ノ門ヒルズ」駅が開業。すでに完成している虎ノ門ヒルズ 森タワー（地上52階、

虎ノ門・麻布台プロジェクト

地下5階・247m）、虎ノ門ヒルズ ビジネスタワー（地上36階、地下3階・185m）に加え、2022年1月には虎ノ門ヒルズ レジデンシャルタワー（地上54階、地下4階・215m）、2023年7月には虎ノ門ヒルズ ステーションタワー（地上49階、地下4階・265m）が竣工予定だ。ビジネスタワーの地下には26の飲食店が集まる「虎ノ門横丁」があり、ビジネスパーソンの憩いの場になっている。

そして、虎ノ門ヒルズよりもさらに注目を集めているのが、その南側で進められている虎ノ門・麻布台プロジェクトである。このプロジェクトでは、A街区に地上64階・約330m、B−1街区に地上64階・約270m、B−2街区に地上53階・約240mの3棟の超高層ビルが2023年3月に竣工予定だ。A街区のビルはあべのハルカス（高さ300m）を抜いて、日本一背の高い超高層ビルになる。この開発では中央に緑あふれる広場を配置し、インターナショナルスクールや慶應病院の予防医療センターを設置するなどして、人と人がつながる街を目指す。それによって、世界からのビジネスパーソンや居住者を呼び込もうとしている。

ここで指摘しておきたいのは、大丸有、渋谷、六本木・虎ノ門のそれぞれが三者三様に、街の個性と開発スタイルを持っていることだ。大丸有は歴史あるビジネス業務拠点としての個性を保ちながら、そこに集客力の高い商業や文化的要素を取り入れることで、新たな街の魅力を開発している。渋谷は多くの鉄道路線が乗り入れるターミナル駅としての優位性をいかしながら、若者向けに感度の高い文化やファッションを発信することで魅力を高めている。そして六本木・虎ノ門は、オフィス・商業施設・住居を融合し、職・住・商・学・憩・文化・国際交流という都市機能をすべて高いレベルでバランスよく構築する街づくりを徹底している。

熾烈な再開発レースを展開しているこれらの都市に比べると、新宿は残念ながら周回遅れになっている感が強い。1970年代から1980年代に至るまで、東京の都市開発は新宿がリードしてきたといっても過言ではないが、他の都市よりもはるかに先行しすぎた分、ここ数十年は小休止の状態が続いているように見える。

だが新宿には、他の都市とは比べようもないほど、きわめて大きなポテンシャルがある。新宿駅は世界最大のターミナル駅として、1日の乗降客数360万人という、とんでもなく巨大な人の群れを抱えている。このポテンシャルをいかすために、新宿が駅を中心としたグランドターミナル構想を計画していることは、第3章で見てきたとおりだ。

まず2029年に小田急+東京メトロ主導で新宿駅西口に地上48階、高さ260mの新宿一高い超高層ビルが完成。さらに2040年までには、JR東日本主導で新宿駅東口にほぼ同じ高さの超高層ビルが完成するという。

新宿駅はこれから10～20年かけて、駅の東西に高さ260mの超高層ツインタワーを擁する、まったく新しい駅へと生まれ変わるのだ。

渋谷にあって新宿にないもの

新宿が東京の再開発レースに名乗りを上げる場合、ライバルになるのはおそらく渋谷だろう。戦前から複数の鉄道路線が乗り入れている同じターミナル駅であり、再開発（再々開発）前から駅周辺にすでに繁華街も形成されているなど、出自がよく似ているからだ。

第1章で見たとおり、すでに再開発はかなり進んでいるが、渋谷にあって新宿にないものがある。それは、街を訪れた人にとってのわかりやすい「ランドマーク」と、街の「シンボル」だ。

渋谷といえば、やはり誰もが「渋谷スクランブル交差点」をすぐに思い浮かべるだろう。10本の車線と5本の横断歩道が交差する巨大な交差点で、歩行者信号が青になると、おびただしい数の人々があらゆる方向から交差点に進入してきて、ぶつかることなく上手に行き交い、またあらゆる方向へと散っていく——。今や渋谷のひとつのシンボルであり、また「世界一有名な交差点」ともいわれ、訪日外国人にとって人気の観光スポットにもなっている。交差点に面して建つ商業ビル「ＱＦＲＯＮＴ（キューフロント）」の大型街頭ビジョン「Q's EYE」も渋谷らしさを感じさせるランドマークであり、メディアにもよく取り上げられる。

また、渋谷の待ち合わせスポットといえば、ハチ公口の「忠犬ハチ公像」、西口の「モヤイ像」、道玄坂と文化村通りの分岐にある「ＳＨＩＢＵＹＡ１０９」がよく知られている。21世紀になって〝１００年に一度の再開発〟が始まってからは、「渋谷ヒカリエ」や「渋谷スクランブルスクエア」が新たなランドマークとして人々に認知されつつある。

ところが新宿には、渋谷のようなランドマークも、人々がすぐ連想する街のシンボルも存在しない。今、私たちが「新宿」に明確なイメージを思い描けないのは、こうしたことが影響しているのだろう。新宿一の高さ（２４３ｍ）を誇る東京都庁舎は、たしかに２つの塔が連結した外観が印象的だが、新宿駅から１㎞近く離れているため、ランドマークと呼ぶにはあまりに遠すぎる。

ひと昔前までであれば、新宿にも「スタジオアルタ」という有名な待ち合わせスポットが存在していた。１９８２年（昭和57年）10月から２０１４年（平成26年）３月までの31年6カ月間、「森田一義アワー　笑っていいとも！」（フジテレビ系列）がここで毎日（平日のみ）生放送されていて、全国的にも認知度が高かったからだ。

だが、この番組が惜しまれつつ終了してからは、スタジオアルタ前に人々が密集する光景はほとんど見られなくなったようだ（スタジオアルタのテレビ番組や映画の収録スタジオとしての使用は２０１６年3月で終了した）。

新宿がこれから都市再開発レースに再び参戦するのであれば、誰もがすぐに思い浮かべることができるような、わかりやすいランドマークやシンボルをまずつくり上げるべきではないだろうか。

多彩な個性がモザイクのように見える街

ここからは、現在進行形の東京再開発レースで、新宿がいかに逆襲に転じるか、いかに上位に食い込んでいくかを考えてみたい。

先ほど、「新宿には渋谷のように街を象徴するランドマークやシンボルがない」という話をした。だがこの事実を逆から見れば、「新宿は渋谷のように単一のストーリーに縛られていない」と言い換えることもできる。

渋谷と新宿の違いは、それぞれの街を鳥の目で俯瞰したとき、より明確になるだろう。

まず渋谷駅を中心にして東西南北を見てみよう。渋谷から北へ行けば原宿や表参道に、南に行けば代官山や恵比寿に、東に行けば青山に、西に行けば高級住宅街・松濤に達する。

つまり、渋谷という街から東西南北のどこに向かっても、オシャレでファッション感度の高い空間が広がっているわけだ。このように、複数の物の個性がひとつの特性に収斂されていくことを「洗練」という。渋谷という街を面的な広がりで見た場合、このエリアはファッション感度がきわめて高く、その中核を担っているのが渋谷ということになる。

そのため、「渋谷＝ファッション性」というイメージやストーリーは多くの人に理解されやすく、スクランブル交差点、１０９、Q's EYE（大型ビジョン）というランドマークやシンボルと組み合わせて印象に残りやすい。

では、新宿はどうだろう。

新宿駅に中心点を置いて東西南北を見ると、新宿から北へ行けば歌舞伎町の歓楽街がある。東に行けば伊勢丹や紀伊國屋書店などを擁するショッピング街があり、さらにその先に新宿御苑がある。南に行けば代々木がある。西に行けば新宿副都心と東京都庁のビジネス街がある。街の個性の広がりで見ると、見事なまでにバラバラだ。

もう少し細かく見ると、同じ歓楽街でも歌舞伎町とゴールデン街は特性がはっきり違うし、新宿御苑の北側には新宿二丁目というＬＧＢＴゾーンがあり、新宿副都心にはシティホテル群もある。個性がバラバラというより、はっきりいえば混沌《カオス》である。

渋谷の特性を「洗練」と表現するなら、新宿は「野卑」であり「野暮」であり「猥雑」なのだろう。つまり新宿は、見る人の属性や嗜好に応じてさまざまな見え方になる。渋谷のようにランドマークやシンボルを絞り切れないのも、ある意味当然かもしれない。

このように数多くの特徴、特性を持つエリアがごく狭い範囲で隣接している大都市は、世界的に見てもあまり例がない。遠くから見れば一見没個性的だが、近接して見れば他の都市には見られない数々のユニークな特徴が共存している。このモザイク構造そのものが、実は新宿の個性だといえる。「没個性」もひとつの個性なのだ。

「1日の乗降客数360万人」という新宿の強烈なアドバンテージをいかし切れていないのは、360万人のうちの一定数が単に電車を乗り換えるだけで、駅の外まで出てこないからだ。また、たとえ駅の外まで出てきたとしても、それらの人々は自分が興味のあるエリアだけを行き来するので、大きな人流にまで成長しない。もし、駅の外に出てきた人々が新宿の個性豊かなエリアをあちらへ、こちらへと回遊するようになれば、街にはさらに活気が出て、地域経済も好況になり、新宿という街の魅力もより高まっていくはずだ。

【逆襲のシナリオ1】超高層の駅ビルがランドマーク&司令塔になる

一見とらえどころがないことも街としての個性ではあるが、街の魅力を内外に広く遠く発信するには、もう少しわかりやすいシンボルやランドマークが欲しい。

そうなると、やはり2029年（令和11年）完成予定の超高層駅ビルがその最有力候補だろう。なにしろ、東京都庁より背の高いビルがいきなり新宿駅の真上に立ち上がるのだ。そのインパクトは相当なものだろう。全方位、どこから見ても目立つはずだし、夜間のライトアップも計画されているから、新宿の新たなランドマークになることは確実だ。

この巨大な駅ビルのフロアマップはまだ明らかになっていないが、低層階が商業スペース、高層階がオフィススペースになるだろう。

商業スペースには小田急百貨店が入ると思われるが、国内外のさまざまな有名店やブランドショップも専門店として入居するはずだ。何といっても新宿駅徒歩0分の好立地だけに、賃料にもよるが、テナント希望の事業者が殺到するだろう。この巨大な商業スペースが駅上に誕生するだけで、新宿という街の魅力は間違いなく2割はアップする。

この駅ビルがユニークなのは、建設計画のごく初期の段階から、新宿グランドターミナル構想の理念を実現するため、人々が交流する空間を多種多様に設けていることだ。地上1階と地下1階は駅の東西を自由に行き来できる空間になっていて、小田急線新宿駅の改札が新設される2階には東西デッキ、南北デッキが設けられ、さらに9～14階はビルの半周をぐるりと回遊できる、ガラス張りの「スカイコリドー」も配置されるという。また2

新宿駅に創出される立体都市広場のイメージ

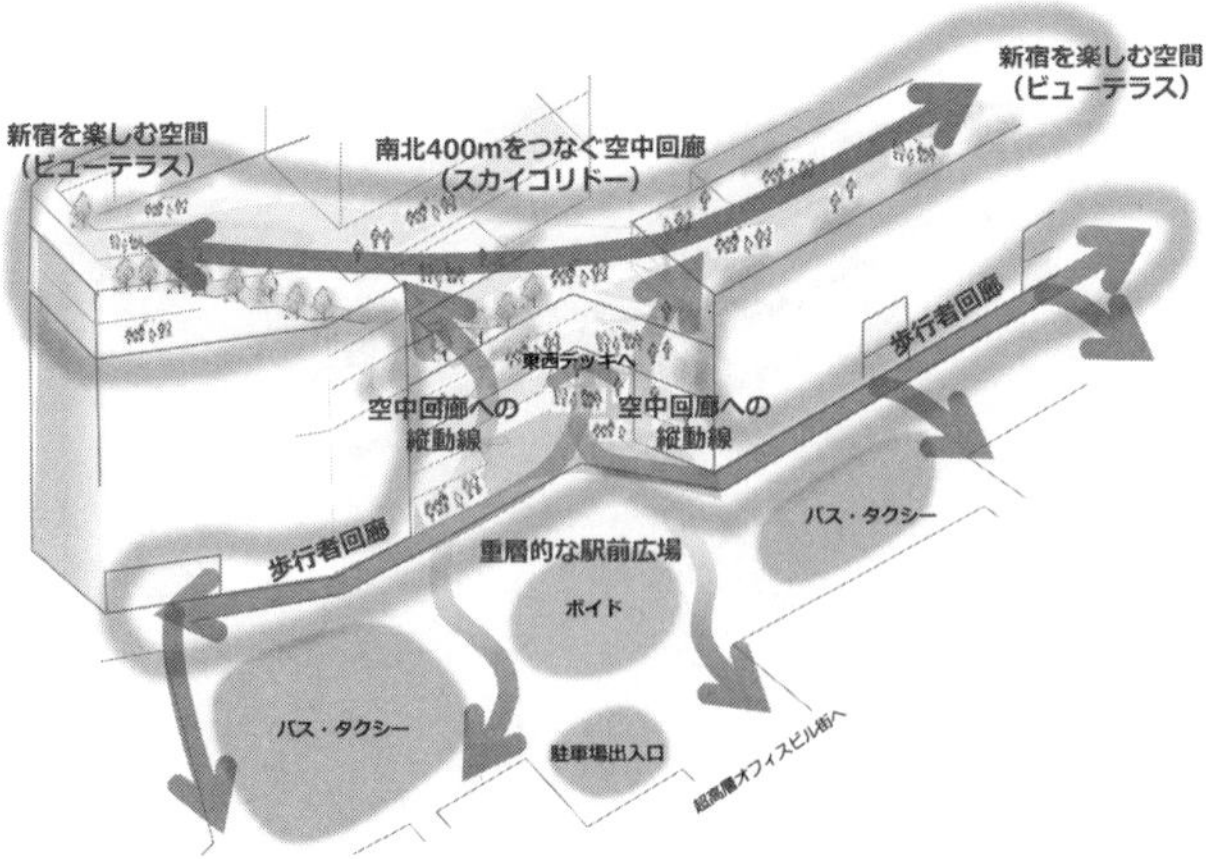

「新宿グランドターミナル・デザインポリシー2019」（新宿の拠点再整備検討委員会）

階、12階、13階には情報発信スペース、体験・発信ゾーン、創発ゾーンが設けられ、企業の試作品デモ、消費者モニターテスト、ＳＰイベントが行われるなど、一種の見本市や異業種交流の場としての機能も併せ持つらしい。これまで東西で分断されていた人の流れが、駅ビル内で渦巻きのように撹拌されるのだ。

　高層階のオフィススペースも要注目である。「新宿駅真上」というこのうえないビジネス環境が創出されるため、ここに本社機能を移転させる有名企業も数多く出てくるのではないか。その企業のブランドイメージに引っ張られる形で、新宿という街のイメージも変わっていくだろう。

　一点だけ注意喚起しておきたい事柄があ

る。それは、駅利用者のニーズを駅ビルだけで完結させないことだ。駅ビル内にあまりに多種多様な用途や機能を組み込んでしまうと、利用者のニーズが駅ビル内だけで完結してしまい、駅から街に出なくなってしまう。

その失敗例が、かつてセゾングループが支配した西武池袋線池袋駅だ。西武は池袋駅と西武百貨店を直結させ、さらにはパルコ、ロフト、WAVE、リブロ、良品計画（無印良品）、池袋ショッピングパークなどのグループ店舗を駅周辺に配置して駅利用者たちを囲い込んだ。そのため、池袋の街は一時期ずいぶん活気がなくなってしまった。

新たな新宿駅ビルに求められるのは、駅利用者を駅ビル内に囲い込むことではない。できるだけ多くの駅利用者を新宿の街に吐き出して、街のあちこちを回遊させることが重要なのだ。そのためには、駅利用者が思わず駅を出て街に繰り出したくなるような、何らかの仕掛けが必要になる。

まず構築すべきは、情報発信の仕掛けだろう。第3章（122ページ）で表したように、新宿駅周辺にはショッピングエリア（シニア向け、老舗、若者向け、家電量販店）、アミューズメントエリア（映画館、風俗街、飲み屋・飲食店街、お笑い系）、ビジネスエリア、文教エリア、トラベルエリアなどがモザイクのように混在している。

新宿駅ビルが情報発信の司令塔としての役割を果たし、一見バラバラに見えるこれらのエリアを有機的につなぎ合わせることができれば、駅利用者は複数のエリアを回遊してみたくなり、街全体が活性化する。スタンプラリー的なもの、七福神めぐり的なものでもいいし、駅利用者が手軽にダウンロードして遊べるような、ポケモンGO的ゲームアプリでもいい。あるいは、右の各エリアの出先案内所のようなものを駅ビル内につくることも可能だろう。ともあれ、新たに建設される駅ビルには、利用者が街の魅力的な情報を一元的に入手できるような仕掛けを設ける必要がある。

【逆襲のシナリオ2】アジア系多国籍文化を発信する

新型コロナのパンデミックが発生するまで、新宿は外国人観光客にとってそこそこ人気の街だった。秋葉原ほどではないにしても、多くの家電量販店が軒を並べていて、そのすぐ近くには安売り系ドラッグストアも集中している。東京都庁の展望室ではタダで絶景が望めるし、繁華街から少し歩いただけで緑豊かな自然を感じられる新宿御苑も隠れた人気スポットだという。

意外にも外国人観光客に好評だったのが新宿三丁目から歌舞伎町の飲み屋街だ。筆者は数年前、新宿ゴールデン街が外国人観光客（主に欧米系）であふれ返っている光景を見て、驚いたことがある。

また、新宿駅から歌舞伎町のラブホテル街を抜けてしばらく行くと、通称〝イケメン通り〟に入る。そこはもう、日本最大といわれるコリアンタウンの一角だ。韓国料理や韓国雑貨の店がところ狭しと並び、2000年代後半、韓流ブーム華やかなりしころは多くの女性ファンで街は賑わった。

新大久保界隈に形成されたコリアンタウンは、風俗・飲み屋系以外に独自の文化を持たない新宿にとって、取り込みたい異国文化である。大久保、新大久保周辺に日本語学校が多いことから、近年は韓国だけでなくベトナム、ネパール、インドネシアなど、東南アジアや南アジア出身の外国人も数多く見かける。

今やコリアンタウンというより、エスニックタウン、インターナショナルタウンと呼ぶほうが相応しい、との意見もある。

このインターナショナルな文化と、新宿の街を結びつけることはできないだろうか。たとえば、歌舞伎町の文化圏を少しずつ北に拡大していけば、やがてインターナショナルタウンと地続きになる。新宿駅東口から大久保通りまでの距離は約1・2㎞。時速4㎞で歩いても約18分。歩けない距離ではない。

歌舞伎町と大久保の間にはラブホテル群が存在するが、かつて渋谷で若者ファッション文化が拡大したとき、道玄坂から円山町のラブホテルが数を減らしたように、歌舞伎町から大久保の通りに今風の新しい店が増えていけば、街並みも自然に変わっていく。歌舞伎町から大久保にアジア系の多国籍文化圏が形成されたとき、新宿はまた新たな魅力を発信するようになるだろう。

新宿が東京における「アジア系多国籍文化のメッカ」となれるかどうか、ポイントは2つあると考えている。

ひとつは、第4章でも紹介した「新宿TOKYU MILANO」再開発計画の動向だ。歌舞伎町に地上48階、高さ約225mの超高層エンターテインメント施設が出現すれば、大きな話題になることは確実である。この施設では、東急、東急レクリエーションとソニー・ミュージックエンタテインメントがこれまでのノウハウを結集して、約8スクリーンの映画館、中規模劇場、ライブホールを運営。地上17〜47階は東急ホテルズがバリエーション豊富な客室（ミドル約20㎡、アッパーミドル約30㎡、ハイエンド約50㎡）とレストランを運

シネシティ広場に向けた屋外ビジョンと屋外ステージを設置する。

営する。客室壁面や廊下などの共用部分は内外アーティストとのコラボで独自の装飾が施され、アメニティグッズなども共同制作されるようだ。

何しろ歌舞伎町のど真ん中という地の利もあるので、歌舞伎町のナイトライフを楽しみつくしたい人には絶好の宿泊施設だろう。また、新宿駅東口とＪＲ新大久保駅の中間に位置しているので、新宿に出るにも大久保のインターナショナルタウンに出るにも便利だ。

新宿が多国籍文化都市になるためのもうひとつのポイントは、ＪＲ東日本による羽田空港アクセス線の開通だ。羽田空港から新宿のバス移動にはどうしても40~50分はかかる。首都高が混んでいれば1時間以上かかるかもしれない。

ところが、ＪＲ東日本が計画を進めている羽田

羽田空港アクセス線の予定ルート

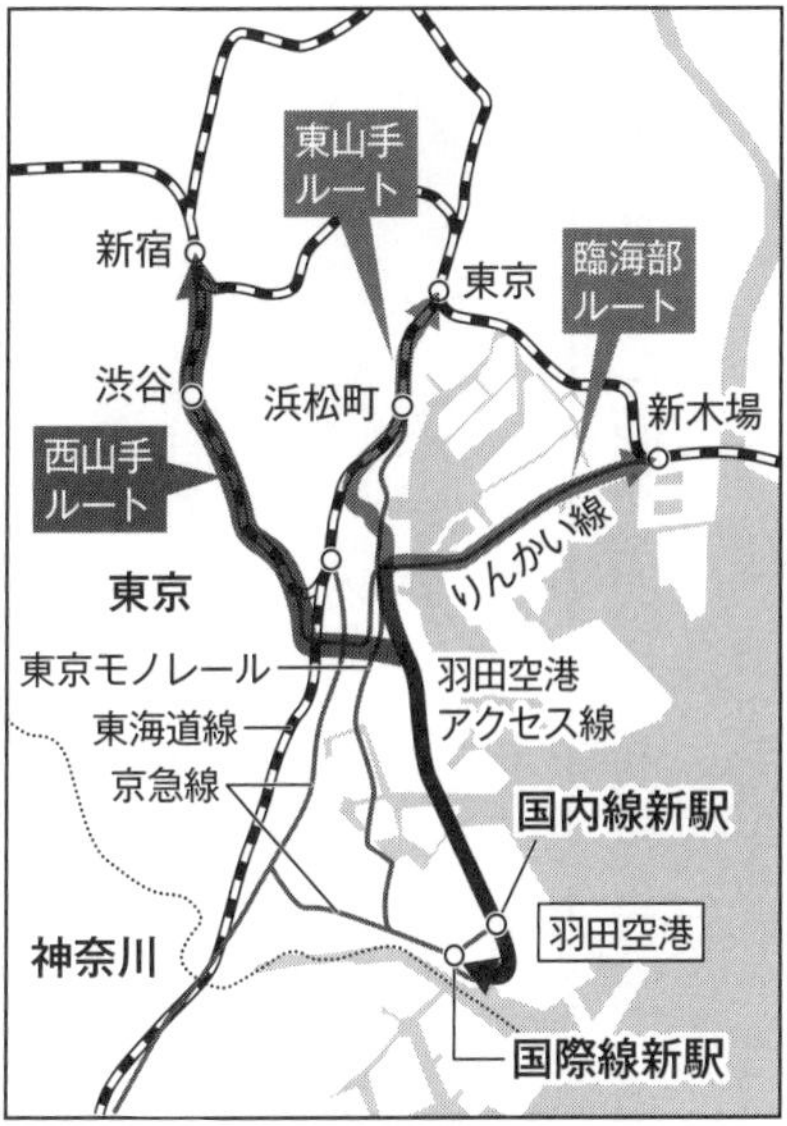

空港アクセス線が開通すれば、羽田空港と新宿がわずか23分で結ばれることになる。所要時間が読めないバスで移動するより、定時に短時間で移動できる電車のほうを好む旅行者は多いはずだ。

羽田空港アクセス線とはどのようなものか。1998年（平成10年）まで使われていた東海道貨物線（貨物列車用）の一部を旅客用に転用し、羽田空港近くに「羽田空港新駅」を建設。都心部と線路がつながっている東京貨物ターミナル駅（貨物駅）から新駅までアクセス新線を建設し、羽田空港と都心部主要駅を短時間で結ぶ鉄道路線計画のことだ。

東京貨物ターミナル駅から田町駅方面を経由して東京駅までを結ぶ「東山手ルート」、大井町駅、大崎駅を経由して新宿駅までを結ぶ「西山手ルート」、東京テレポート駅を経由して新木場駅までを結ぶ「臨海部ルート」の3本を整備する計画で、現時点では2029年までに東山手ルートを開業することが国土交通省により許可されている。開業すれば、羽田空港新駅～東京駅が18分で結ばれるという。

今のところ、西山手ルートの開業時期は未定だが、羽田空港から新宿のアクセスが飛躍的に向上すれば、「新宿に行ってみたい」と考える国内外の旅行者も増えるはずだ。新宿が国際都市になれるかどうかは、空港からのアクセスのよさも大きく関わってくる。

【逆襲のシナリオ3】西新宿の超高層ビル街を再々開発

霞が関ビルディングは日本初の超高層ビルで、1968年（昭和43年）に地上36階建て、高さ147mで建設された。建築基準法が1963年（昭和38年）に一部改正されるまで、わが国の建築物は高さ31m（百尺規制）までのものしか認められていなかったから、霞が関ビルはそれまでの高さ記録を一気に116mも更新したわけだ。

事業主は三井不動産、設計は山下設計、施工は鹿島・三井建設の共同企業体（JV）。地震対策として「柔構造」を取り入れたり、大型H字型鋼やプレハブ工法を採用したり、日本初の超高層ビル用エレベーターを導入したりするなど、数々の新しい試みにチャレンジしたため、その建設費は163億円にまで膨れ上がった。東京タワー（1958年）の建設費30億円、日本武道館（1964年）の建設費20億円と比較すると、霞が関ビルの建設がいかに難しいものだったかが理解できるだろう。

その霞が関ビルが、三次のリニューアル工事を経て大改修された。1989年（平成元年）～1994年（平成6年）の第一次改修では、オフィスへのコンピューター導入に合わせてOA（オフィス・オートメーション）環境を整えるため、電源・空調・給水システムのすべてを一新。1999年（平成11年）～2000年（平成12年）の第二次改修では、オフィス内の労働環境を改善するため、トイレなど共用部の改修や光ファイバーの敷設などが行われた。そして2006年（平成18年）～2009年（平成21年）の第三次改修では、正面入り口付近に1万3000㎡の都市広場を整備するなど、オフィスで働く人にとってのくつろぎや賑わいの場が新設された。

これらの改修にかかった費用は総計で約426億円。建設当時の基礎構造である鉄骨をそのままいかしながら、時代に合わせたリファインを的確に実施し、建設から53年経った今も、第一線の超高層オフィスビルとして稼働し続けている。

50年を経た今も先端オフィスビルとして稼働し続ける霞が関ビルディングは、西新宿の超高層ビル群にとってのよい先例となる。

このような霞が関ビルの進化の過程を見ると、西新宿にある超高層ビル群のリニューアルや再々開発もあながち不可能ではないと思えてくる。

たとえば、新宿副都心の中でも最も初期の1970年代に建設された京王プラザホテル（1971年6月）、新宿住友ビル（1974年3月）、KDDIビル（1974年7月）、新宿三井ビル（1974年9月）、損保ジャパン本社ビル（1976年5月）、新宿野村ビル（1978年5月）、新宿センタービル（1979年10月）は、竣工してそろそろ半世紀になろうとしている。

ビルを完全に解体して新たに建て直すとなると、膨大な時間と費用がかかるし、各方面への影響が大きい。だが、霞が関ビルのように、ビルとしての営業を続けながら順次改修をしていけば、かなりのところまでのアップデートが可能だ。そうやって超高層ビル群を1棟ずつリニューアル&リノベーションしていけば、全体として5~10年くらいかかるにしても、西新宿の超高層ビル群が新たに生まれ変われるのではないだろうか。

現状では幅員が広すぎて歩行者を寄せ付けないように見える西新宿界隈の道路にしても、法律や条令を改正して沿道に仮設テントで屋台村をずらりと出店できるようにしたり、クレープ、カレー、エスニック料理などの移動販売車の駐車スペースに活用したりすれば、今まで単に移動経路でしかなかった道路も歩行者で賑わうようになる。また、第4章で見たように、すでに実証実験を開始している5Gで動く無人タクシーが実用化されれば、西新宿での人の動きはもっと活発になるはずだ。

視点を変え、発想を切り替えれば、西新宿をもっともっと楽しい街につくり替えていくことは可能だと思う。多くの人たちが「新宿を何とかしよう!」と立ち上がるときこそ、本物の新宿の逆襲が始まるのだ。

[第 3 章]
https://www.toukei.metro.tokyo.lg.jp/tnenkan/tn-index.htm
https://www.toshiseibi.metro.tokyo.lg.jp/keikaku_chousa_singikai/pdf/tokyotoshizukuri/2_04.pdf
https://toyokeizai.net/articles/-/234533
http://uzo800.blog.fc2.com/blog-entry-84.html
http://ktymtskz.my.coocan.jp/nakagawa/keio.htm
http://ktymtskz.my.coocan.jp/nakagawa/odakyu.htm
http://odapedia.org/archives/1983391.html
http://warpal.sakura.ne.jp/yamanote/09juku/0koushuu/koushuu-brg.htm
https://style.nikkei.com/article/DGXNASFK2103N_S2A121C1000000?page=4
http://ktymtskz.my.coocan.jp/nakagawa/seibu.htm
https://www.mlit.go.jp/report/press/tetsudo04_hh_000095.html
https://toyokeizai.net/articles/-/272613
https://tenpohacks.com/5623
https://www.city.shinjuku.lg.jp/soshiki/toshikei01_002133.html
https://xtech.nikkei.com/atcl/nxt/column/18/00138/090100623/
https://www.odakyu.jp/news/o5oaa1000001t94w-att/o5oaa1000001t953.pdf

[第 4 章]
https://www.itmedia.co.jp/business/articles/1908/08/news098.html
https://www.officetar.jp/blog/2020/08/17/shinjuku-area_redevelopment/
https://www.tokyo-omy-council.jp/area/redevelopment-map/
https://www.mori.co.jp/projects/toranomon_azabudai/
http://building-pc.cocolog-nifty.com/helicopter/2020/10/post-3f64af.html
https://www.toshiseibi.metro.tokyo.lg.jp/kenchiku/keikan/machinami_14_18.html
https://shutten-watch.com/kantou/4016
https://skyskysky.net/construction/202225.html
https://lovewalker.jp/elem/000/004/039/4039586/
https://town-review.net/shinjuku_projects/
https://www.kenbiya.com/ar/ns/region/tokyo/4147.html
https://parks.prfj.or.jp/shinjuku/wp-content/uploads/sites/3/2020/06/20200602press_shukunova.pdf
https://www.city.shinjuku.lg.jp/content/000235609.pdf
http://building-pc.cocolog-nifty.com/helicopter/2014/08/post-6e60.html
https://bijutsutecho.com/magazine/news/report/22304
http://welcometoshinjuku.jp/area/
https://www.pen-online.jp/feature/art/matzu_metrobewilder/1
https://www.kotaronukaga.com/2020/07/news_20200719/
https://bijutsutecho.com/magazine/news/headline/22346
https://response.jp/article/2020/11/16/340354.html

[第 5 章]
https://trafficnews.jp/post/103981
https://railproject.tabiris.com/jr-haneda.html
https://news.yahoo.co.jp/articles/2b99bbe16c96516b8959dc55eb6847b9b96411a5?page=1
https://www.kantei.go.jp/jp/singi/tiiki/kokusentoc/tokyoken/tokyotoshisaisei/dai13/shiryou4.pdf
https://www.mitsuifudosan.co.jp/press/download/FBkasumigaseki50.pdf
https://www.kajima.co.jp/tech/renewal/ex/results/200903kasumi/index.html

参考文献

[第1章]
http://www.archives.go.jp/exhibition/digital/henbou/contents/60.html
https://downtownreport.net/city/tokyo/
https://www.officetar.jp/blog/saikaihatsu/
https://downtownreport.net/genre/shopping-center/
https://suumo.jp/article/oyakudachi/oyaku/sumai_nyumon/machi/saikaihatsu_tokyo/
https://www.toshiseibi.metro.tokyo.lg.jp/bosai/sai-kai.htm
http://www.otemachi-marunouchi-yurakucho.jp/introduction/
https://skyskysky.net/construction/202508.html
https://best-tokyo.com/office/article/redevelopment_yaesunihonbashi
https://www.kantei.go.jp/jp/singi/tiiki/toshisaisei/kinkyuseibi_list/
https://terass.com/articles/entry/shibuyakaihatsu
https://www.mori.co.jp/projects/roppongihills/history.html
https://skyskysky.net/construction/201945.html
https://www.city.shinjuku.lg.jp/content/000194521.pdf
https://smtrc.jp/town-archives/city/shinjuku/index.html
http://www.shinjuku-ohdoori.jp/h02-01.html
http://uzo800.blog.fc2.com/blog-entry-138.html?sp
http://www.city.shinjuku.lg.jp/kusei/70kinenshi/meiji.html
http://minnano-mag.jp/konosa_thema/konosa-60-kabuki.html
https://kabukicho-culture-press.jp/all/development/3543
https://www.homes.co.jp/cont/press/buy/buy_00603/
http://www.shurakumachinami.natsu.gs/03datebase-page/tokyo_data/kabukicho/kabukichofile.htm
https://m-repo.lib.meiji.ac.jp/dspace/bitstream/10291/18261/1/bungeikenkyu_128_%2821%29.pdf
https://www.amazon.co.jp/review/product/4880084387
http://kankarakan.jugem.jp/?eid=421
https://www.waterworks.metro.tokyo.lg.jp/suidojigyo/gaiyou/shisetsu.html
https://www.toshiseibi.metro.tokyo.lg.jp/seibihosin/pdf/shinjuku_seibihosin.pdf
http://www.waseda.jp/sem-yoh/temp/02/04kinoshita.pdf

[第2章]
https://www.sbbit.jp/article/cont1/31933
https://hirohiroblog.com/japan-eki/
https://special-rapid223.hatenablog.com/entry/20150628/1435461797
https://smtrc.jp/town-archives/city/shinjuku/p03.html
https://www.postalmuseum.jp/publication/research/docs/research_01_10.pdf
https://www.shinjuku-hojinkai.or.jp/07yomoyama/yomo72.php
http://www.city.musashino.lg.jp/_res/projects/default_project/_page_/001/001/818/106_010-011_history.pdf
https://tks-departure.sakura.ne.jp/keio-shinjuku.html
http://ktymtskz.my.coocan.jp/zzz/keio/keio.htm
https://warpal.sakura.ne.jp/yamanote/09juku/2oume.htm
https://trafficnews.jp/post/82156
https://tks-departure.sakura.ne.jp/keio-shinjuku4.html
http://toden.la.coocan.jp/line_chro/toden_line_chronology_10.html
http://www.shinjuku-ohdoori.jp/h03-01.html
https://smtrc.jp/town-archives/city/chitosekarasuyama/p02.html
https://www.toshiseibi.metro.tokyo.lg.jp/keikaku_chousa_singikai/pdf/tokyotoshizukuri/2_04.pdf
http://www.shinjuku-ohdoori.jp/h03-08.html

人生の活動源として

いま要求される新しい気運は、最も現実的な生々しい時代に吐息する大衆の活力と活動源である。

文明はすべてを合理化し、自主的精神はますます衰退に瀕し、自由は奪われようとしている今日、プレイブックスに課せられた役割と必要は広く新鮮な願いとなろう。

いわゆる知識人にもとめる書物は数多く窺うまでもない。

本刊行は、在来の観念類型を打破し、謂わば現代生活の機能に即する潤滑油として、逞しい生命を吹込もうとするものである。

われわれの現状は、埃りと騒音に紛れ、雑踏に苛まれ、あくせく追われる仕事に、日々の不安は健全な精神生活を妨げる圧迫感となり、まさに現実はストレス症状を呈している。

プレイブックスは、それらすべてのうっ積を吹きとばし、自由闊達な活動力を培養し、勇気と自信を生みだす最も楽しいシリーズたらんことを、われわれは鋭意貫かんとするものである。

―創始者のことば― 小澤和一

著者紹介

市川宏雄〈いちかわ ひろお〉

明治大学名誉教授。東京の本郷に1947年に生まれ育つ。早稲田大学理工学部建築学科、同大学院修士課程、博士課程（都市計画）を経て、カナダ政府留学生として、カナダ都市計画の権威であるウォータールー大学大学院博士課程（都市地域計画）を修了（Ph.D.）。一級建築士でもある。ODAのシンクタンク（財）国際開発センターなどを経て、富士総合研究所（現、みずほ情報総研）主席研究員の後、現職。日本と東京のこれからについて語るために国内、海外で幅広く活動する他、東京の研究をライフワークとして30年以上にわたり継続している。

新宿《しんじゅく》の逆襲《ぎゃくしゅう》

青春新書 PLAYBOOKS

2021年5月25日　第1刷

著者　市川《いちかわ》　宏雄《ひろお》

発行者　小澤源太郎

責任編集　株式会社プライム涌光

電話　編集部　03(3203)2850

発行所　東京都新宿区若松町12番1号　〒162-0056　株式会社青春出版社

電話　営業部　03(3207)1916　振替番号　00190-7-98602

印刷・三松堂　製本・フォーネット社

ISBN978-4-413-21181-9